基礎化学実験 1・2
実験テキスト
2025

明治大学理工学部
応用化学教室編

学術図書出版社

基礎化学実験の実験課題について

基礎化学実験　巻末資料

この教科書の各実験課題の動画は以下の URL から視聴可能です．

https://www.gakujutsu.co.jp/text/isbn978-4-7806-1366-7/

基礎化学実験を始めるにあたり

私たちの暮らしの中にはさまざまな“化学”があふれている．情報の宝庫であるスマートフォン，年々薄くかつ大型になっていくテレビ，デジタルコンテンツ分野を支えるディスプレイ，高速化されていく新幹線，エコなドライブを楽しむ電気自動車，光エネルギーを電気に変える太陽電池，家庭用も売り出された燃料電池，産業を支えるロボット，安全で快適な生活をおくれる建物，おしゃれなファッションを生み出す繊維などが目にとまる．これらは化学素材を基にして，化学や物理などのさまざまな現象を利用して成り立っているものである．

基礎化学実験では，理工学部の各学科の基礎となる化学を取り扱い，高校教育で手薄になってきている“ものづくり”を体験しつつ，化学の不思議な現象や身の回りで使われている素材について興味をもち楽しんで学べるように工夫している．色の変化，形の変化，形態の変化，香りの変化などがわかりやすいものを選んでいる．

日常製品を眺めてみても，一つの専門分野だけで成り立つものはないことがわかる．各専門分野の人々が協力し合い一緒に作り上げていく時代の今，理工学部における基礎としての化学の重要度は増している．基礎化学実験は，高校で化学を修得していない学生にも対応した実験内容になっている．

実験を始めるにあたって

〈実験の前に〉

化学実験は日常なじみのない薬品・器具・装置を多用する．また，化学変化の進行とともに，それぞれの段階で行う操作・生成物の取り扱いなども適切に行う．

実験を行う時は以下の物を用意して来る．下記記載以外の私物はロッカーに収納する．

ロッカーは100円コインのリターン式である．ロッカーの使用は当該時間内とする．日時を超える使用は「安全」の観点から，内容物を撤去することがある．

(1)　実験テキスト

(2)　白衣

(3)　筆記用具

なお，履物は足全体が覆われているものを着用する．安全の観点からハイヒール・サンダルなどは望ましくない．

〈実験室で〉

(1) 器具と試薬の準備は間違えないように，装置の組立は念入りにし，不安定な部分がないように注意する．

(2) 実験は落ち着いて行い，器具や試薬・操作などで不確実なところがある時はテキストをよく読み，担当教員の指示を仰いで不明な点を明らかにしてから，実験を進める．

(3) 実験結果は，実験ノートの所定の欄に記入し，リザルトシートの所定の記入欄に転記する．

〈実験が終わったら〉

実験が終わったら，器具と薬品を片付け，実験台上を雑巾がけする．さらに，ガス栓や水道の栓を締め，装置の電源を切り，実験台の周辺の床を清掃する．片付けが終わったら，リザルトシートを提出し提出印をもらう．

安全について

化学の実験において，実験開始に先立って実験内容と「安全」に関する注意事項の説明を行うので必ず聞く．

学習実験では，「思いがけぬ事故」が起こることがある．事故を防ぐには次のような事に注意する．

(1) 実験中は身体を薬品から保護するためだけではなく，実験を清潔に行うためにも実験衣（白衣）を着る．

(2) 実験台と実験器具類は清浄にし，常に整理整頓を心がける．汚い実験台と整理されていない汚れた器具類を使うことは，実験を失敗に導くだけでなく事故の元である．

(3) 端が欠けていたり，ヒビが入ったりしたガラス器具は使わない．直ちに担当教員に申し出て，破損のない物と取り替える．

(4) 薬品が皮膚や衣類に触れた時には，直ちに多量の水で洗い，速やかに担当教員に知らせる．特に，アルカリは皮膚に対して浸透性が強いので，万一，目や口の中に入ってしまったら，流水で十分に（10～15分位）洗う．

(5) ビーカーやフラスコを用いて加熱している時，不用意に顔や手を近づけない．臭いを嗅ぐときは容器を火から下ろし，手扇で行う．特に，試験管で加熱しているときは突沸することがあるので，試験管の口を人に向けないようにする．

(6) 実験で出来た反応生成物や副生物・廃液などの中には人の健康に影響を及ぼす物質を含んでいることが多いので，みだりに流しに捨ててはいけない．実験室では，有害物質を発生させてもその場から拡散させない（原点処理）ことが原則であるから，生成物・廃液などはできるだけ希釈させない状態で回収することが望ましい．実験室には，廃液の種類ごとに容器が用意してあるので，指示を守って厳密に回収する．

基礎化学実験の成績評価

成績評価は，実験終了後に提出する所定のリザルトシート，データサイエンス課題（Oh-o! Meijiの小テスト），実験への取り組みおよび面接での質疑応答より行う．リザルトシートは授業終了時に必ず提出し，テキスト内の提出表に確認印をもらうこと．この確認印は単位修得の証明なので保存しておく必要がある．リザルトシートの提出がない場合には欠席扱いとなる場合がある．実験説明および安全教育の未受講（動画未視聴や遅刻など）および実験テキスト・白衣忘れなどは，実験に取り組む姿勢として評価する．

基礎化学実験の補講

原則として実験の欠席者に対して1回の補講を行う．補講期間の掲示は別途所定の場所に掲示されるので対象者は各自で確認する．補講の対象となるケースは以下の通りとする．

（1） 病気，忌引きの場合

証明書類：病院の証明書，処方箋，案内状など日時のわかる書類

（2） 電車の遅延などで20分以上の遅刻が見込まれる場合

証明書類：該当区間の遅延証明書，もしくは区間を明記した書類（遅延証明書の発行がない場合には問い合わせを行います）

（3） 長期の入院や不慮の事故

証明書類：病院発行の証明書

基礎化学実験は6回連続して行い，1回の補講を受講できることから5回以上の出席が必要となる（詳しくは理工学部便覧を参照）．補講は1回のみの受講が原則であるが，長期入院など特別の理由があれば証明書を添付の上，別途申し出る．

補講については，Oh-o! Meijiの「授業に関するお知らせ」で詳細を配信する．転送設定をしておくこと．

補講の届け出方法

補講を希望する場合は，教科書に添付されている所定の届け出用紙にすべての事項を丁寧に記入の上，証明書類を必ず添付し届け出る．届け出は，休んだ翌週までにD館3階のラウンジに設置してある専用の届け出箱に投函する．投函をもって受付とする．ただし，書類に不備があった場合には受け付けないので注意する．

基礎物理学実験・基礎化学実験のスケジュール

基礎実験は基礎物理学実験と基礎化学実験から構成されており，語学クラスを基本に6週間を単位として前半，後半とに分かれている．

基礎化学実験1・春学期

混合クラス	C，D	O，P	K，L	G，H	S，T	A，B	M，N	I，J	E，F	Q，R
曜日	月	火	水	木	金	月	火	水	木	金
時限	3，4	1，2	1，2	1，2	1，2	3，4	1，2	1，2	1，2	1，2
第1回	4月14日	4月15日	4月16日	4月10日	4月11日	6月2日	6月3日	5月28日	5月29日	5月30日
第2回	4月21日	4月22日	4月23日	4月17日	4月18日	6月9日	6月10日	6月4日	6月5日	6月6日
第3回	4月28日	4月29日	4月30日	4月24日	4月25日	6月16日	6月17日	6月11日	6月12日	6月13日
第4回	5月12日	5月13日	5月7日	5月8日	5月9日	6月23日	6月24日	6月18日	6月19日	6月20日
第5回	5月19日	5月20日	5月14日	5月15日	5月16日	6月30日	7月1日	6月25日	6月26日	6月27日
第6回	5月26日	5月27日	5月21日	5月22日	5月23日	7月7日	7月8日	7月2日	7月3日	7月4日
補講日	7月14日	7月15日	7月9日	7月10日	7月11日	7月14日	7月15日	7月9日	7月10日	7月11日

基礎化学実験2・秋学期

混合クラス	C，D	G，H	K，L	O，P	S，T	A，B	E，F	I，J	M，N	Q，R
曜日	月	火	水	木	金	月	火	水	木	金
時限	3，4	1，2	1，2	1，2	1，2	3，4	1，2	1，2	1，2	1，2
第1回	9月22日	9月23日	9月24日	9月25日	9月26日	11月10日	11月11日	11月12日	11月13日	11月14日
第2回	9月29日	9月30日	10月1日	10月2日	10月3日	11月17日	11月18日	11月19日	11月20日	11月21日
第3回	10月6日	10月7日	10月8日	10月9日	10月10日	11月24日	11月25日	11月26日	11月27日	11月28日
第4回	10月13日	10月14日	10月15日	10月16日	10月17日	12月1日	12月2日	12月3日	12月4日	12月5日
第5回	10月20日	10月21日	10月22日	10月23日	10月24日	12月8日	12月9日	12月10日	12月11日	12月12日
第6回	10月27日	10月28日	11月5日	11月6日	11月7日	12月15日	12月16日	12月17日	12月18日	12月19日
補講日	12月22日	1月13日	1月14日	1月8日	1月9日	12月22日	1月13日	1月14日	1月8日	1月9日

＊補講に関する情報は，Oh-o! Meijiの「授業に関するお知らせ」より配信します．重要なお知らせをメールで受け取ることができるように「お知らせ転送設定」をしてください．

2025 年度　基礎化学実験カレンダー

April 4月

日	月	火	水	木	金	土
		1	2	3	4	5
6	7 入	8	9	10 1	11 1	12
13	14 1	15 1	16 1	17 2	18 2	19
20	21 2	22 2	23 2	24 3	25 3	26
27	28 3	29 3	30 3			

May 5月

日	月	火	水	木	金	土
				1	2	3
4	5	6	7 4	8 4	9 4	10
11	12 4	13 4	14 5	15 5	16 5	17
18	19 5	20 5	21 6	22 6	23 6	24 補
25	26 6	27 6	28 1	29 1	30 1	31 補

June 6月

日	月	火	水	木	金	土
1	2 1	3 1	4 2	5 2	6 2	7
8	9 2	10 2	11 2	12 3	13 3	14
15	16 3	17 3	18 3	19 4	20 4	21
22	23 4	24 4	25 4	26 5	27 5	28
29	30 5					

July 7月

日	月	火	水	木	金	土
		1 5	2 6	3 6	4 6	5
6	7 6	8 6	9 実補	10 実補	11 実補	12 補
13	14 実補	15 実補	16	17	18	19 補
20	21	22	23 試	24 試	25 試	26 試
27 試	28 試	29 試	30 試	31 試		

August 8月

日	月	火	水	木	金	土
					1	2
3	4	5	6	7	8	9
10	11	12	13	14	15	16
17	18	19	20	21	22	23
24	25	26	27	28	29	30
31						

September 9月

日	月	火	水	木	金	土
	1	2	3	4	5	6
7	8	9	10	11	12	13
14	15	16	17	18	19 秋入卒	20
21	22 1	23 1	24 1	25 1	26 1	27
28	29 2	30 2				

October 10月

日	月	火	水	木	金	土
			1 2	2 2	3 2	4
5	6 3	7 3	8 3	9 3	10 3	11
12	13 4	14 4	15 4	16 4	17 4	18 補
19	20 5	21 5	22 5	23 5	24 5	25 補
26	27 6	28 6	29	30	31	

November 11月

日	月	火	水	木	金	土
						1 創・祭
2 祭	3 祭	4	5 6	6 6	7 6	8
9	10 1	11 1	12 1	13 1	14 1	15
16	17 2	18 2	19 2	20 2	21 2	22
23	24 3	25 3	26 3	27 3	28 3	29
30						

December 12 月

日	月	火	水	木	金	土
	1 4	2 4	3 4	4 4	5 4	6
7	8 5	9 5	10 5	11 5	12 5	13
14	15 6	16 6	17 6	18 6	19 6	20
21	22 実補	23	24	25	26	27
28	29	30	31			

January 1月

日	月	火	水	木	金	土
				1	2	3
4	5	6	7	8 実補	9 実補	10
11	12	13 実補	14 実補	15	16	17 創
18	19	20	21	22 完補	23 完補	24 試
25	26 試	27 試	28 試	29 試	30 試	31 試

February 2月

日	月	火	水	木	金	土
1	2 試	3 試	4	5	6	7
8	9	10	11	12	13	14
15	16	17	18	19	20	21
22	23	24	25	26	27	28

March 3月

日	月	火	水	木	金	土
1	2	3	4	5	6	7
8	9	10	11	12	13	14
15	16	17	18	19	20	21
22	23	24	25	26 卒	27	28
29	30	31				

入：入学式，秋入卒：秋季卒業式・入学式，卒：卒業式，学習指導：4月1～9日，9月18日，大学祭週間：10月29日～11月4日

補：土曜通常時限補講日，完補：完全補講日，実補：基礎化学実験補講予定日，試：定期試験日，創：創立記念祝日・記念日

基礎化学実験のグループ分け

基礎化学実験は全体を３つのグループに分けて実施する．グループは以下に示すように「アルファ（α），ベータ（β），ガンマ（γ）」と称する．それぞれのグループには，担当教員１名に加え，助手１名またはTA１名の計２名が指導者として配置されている．各グループは２週間単位で実験課題を学習する．実験課題は３課題あるので，全部で６週間の日程となる．

基礎化学実験１　グループ分け

グループ	（語学）組・（学科）組・番号　～　（語学）組・（学科）組・番号
α	組　　組　　番　～　組　　組　　番
β	組　　組　　番　～　組　　組　　番
γ	組　　組　　番　～　組　　組　　番

基礎化学実験２　グループ分け

グループ	（語学）組・（学科）組・番号　～　（語学）組・（学科）組・番号
α	組　　組　　番　～　組　　組　　番
β	組　　組　　番　～　組　　組　　番
γ	組　　組　　番　～　組　　組　　番

ローテーション

課題	実験室名	第１週	第２週	第３週	第４週	第５週	第６週
1A	基礎化学実験室４ D308	α	—	γ	—	β	—
1B		—	α	—	γ	—	β
2A	基礎化学実験室１ D303	β	—	α	—	γ	—
2B		—	β	—	α	—	γ
3A	基礎化学実験室３ D307	γ	—	β	—	α	—
3B		—	γ	—	β	—	α

※第１週にガイダンスを行う．基礎化学実験室２（D304）に集合すること．

第二校舎 D 館案内図

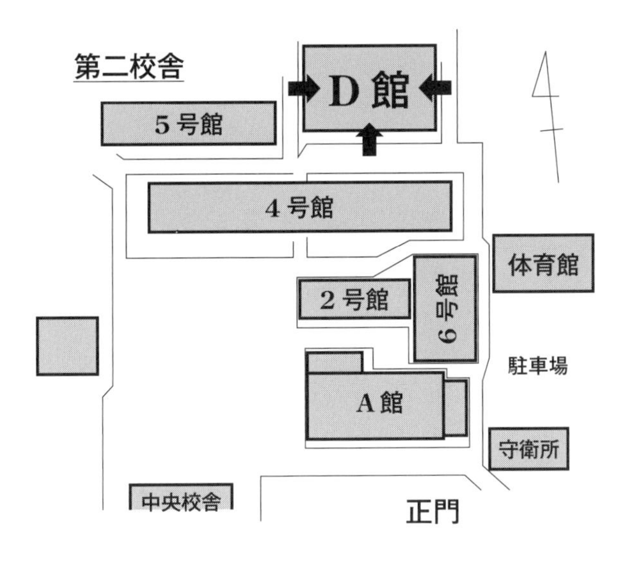

第二校舎 D 館 3 階フロア平面図および避難経路

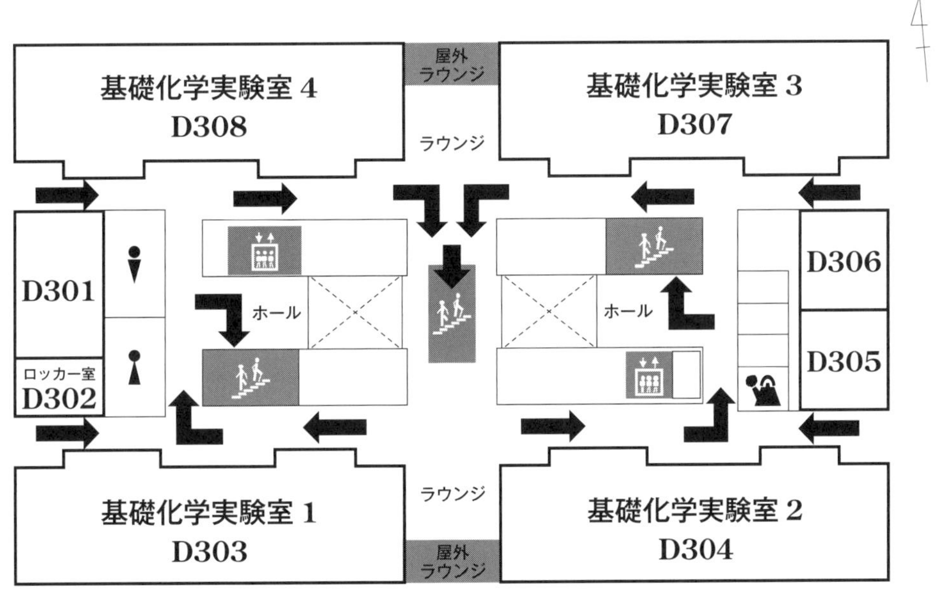

※避難経路(2 経路以上)はあらかじめ確認してください.

基礎化学実験 1　リザルトシート提出確認表

<table>
<tr><td rowspan="2">第 1 週　確認印</td><td>提出者名（自筆）</td><td rowspan="2">器具チェック（TA）</td></tr>
<tr><td>課題番号</td></tr>
<tr><td rowspan="2">第 2 週　確認印</td><td>提出者名（自筆）</td><td rowspan="2">器具チェック（TA）</td></tr>
<tr><td>課題番号</td></tr>
<tr><td rowspan="2">第 3 週　確認印</td><td>提出者名（自筆）</td><td rowspan="2">器具チェック（TA）</td></tr>
<tr><td>課題番号</td></tr>
<tr><td rowspan="2">第 4 週　確認印</td><td>提出者名（自筆）</td><td rowspan="2">器具チェック（TA）</td></tr>
<tr><td>課題番号</td></tr>
<tr><td rowspan="2">第 5 週　確認印</td><td>提出者名（自筆）</td><td rowspan="2">器具チェック（TA）</td></tr>
<tr><td>課題番号</td></tr>
<tr><td rowspan="2">第 6 週　確認印</td><td>提出者名（自筆）</td><td rowspan="2">器具チェック（TA）</td></tr>
<tr><td>課題番号</td></tr>
</table>

基礎化学実験 2　リザルトシート提出確認表

<table>
<tr><td rowspan="2">器具チェック（TA）</td><td>提出者名（自筆）</td><td rowspan="2">第 1 週　確認印</td></tr>
<tr><td>課題番号</td></tr>
<tr><td rowspan="2">器具チェック（TA）</td><td>提出者名（自筆）</td><td rowspan="2">第 2 週　確認印</td></tr>
<tr><td>課題番号</td></tr>
<tr><td rowspan="2">器具チェック（TA）</td><td>提出者名（自筆）</td><td rowspan="2">第 3 週　確認印</td></tr>
<tr><td>課題番号</td></tr>
<tr><td rowspan="2">器具チェック（TA）</td><td>提出者名（自筆）</td><td rowspan="2">第 4 週　確認印</td></tr>
<tr><td>課題番号</td></tr>
<tr><td rowspan="2">器具チェック（TA）</td><td>提出者名（自筆）</td><td rowspan="2">第 5 週　確認印</td></tr>
<tr><td>課題番号</td></tr>
<tr><td rowspan="2">器具チェック（TA）</td><td>提出者名（自筆）</td><td rowspan="2">第 6 週　確認印</td></tr>
<tr><td>課題番号</td></tr>
</table>

切り取り線

基礎化学実験 1 補講申請書（春学期用）	
氏名	
学年・組・番号	年　　組（混合　　組）　　番
欠席した日	年　　月　　日（　　曜日）
欠席した日の実験課題 （課題番号と課題名）	
欠席理由（詳細に）	
添付した証明書類 （該当部分に○をする）	病院発行の証明書・処方箋 案内状（忌引きなど） 遅延証明書（交通遅延時の路線名：　　　　） その他（　　　　） 証明書なし（理由：　　　　）
申請書提出日	年　　月　　日（　　曜日）

該当するすべての項目について丁寧かつ正確に記入すること．
書類に記載不足があれば認められない場合もある．
交通遅延の場合には欠席理由の項目に通学定期の駅名を記入すること．
補講の受講は原則 1 回限りである．

切り取り線

基礎化学実験 2 補講申請書（秋学期用）	
氏名	
学年・組・番号	年　組（混合　組）　番
欠席した日	年　月　日（　曜日）
欠席した日の実験課題 （課題番号と課題名）	
欠席理由（詳細に）	
添付した証明書類 （該当部分に○をする）	病院発行の証明書・処方箋 案内状（忌引きなど） 遅延証明書（交通遅延時の路線名：　） その他（　） 証明書なし（理由：　）
申請書提出日	年　月　日（　曜日）

該当するすべての項目について丁寧かつ正確に記入すること．
書類に記載不足があれば認められない場合もある．
交通遅延の場合には欠席理由の項目に通学定期の駅名を記入すること．
補講の受講は原則 1 回限りである．

基礎化学実験 1

実験課題 1　電気と化学反応エネルギー

1A．金属のイオン化傾向と電池の基礎
～金属の溶解性とイオン化傾向を調べ，電池の仕組みを学ぶ～

1B．電池の作製と観察
～実際にボルタ電池，ダニエル電池および鉛蓄電池を作製し，その性質を学ぶ～

課題1A　金属のイオン化傾向と電池の基礎

1　はじめに

「電気と化学反応エネルギー」では，実験を通して『電池』の仕組みを学ぶ．水溶液中における金属の単体は電子を放出してイオンになる性質がある．本実験では，電池の基本原理である金属のイオン化傾向と化学エネルギーが電気エネルギーへと変換される実例として電池について学ぶ．電池では，「+」極を正極，「−」極を負極とよぶ．一方，電気分解（電解）では，正極と接続した電極を陽極，負極と接続した電極を陰極とよぶ．

2　実験での共通事項

2.1　整理整頓

実験を開始する前に，実験台上にキムタオルを2枚広げる．1枚のキムタオル上に実験器具を，もう1枚のキムタオル上に廃液用ビーカー(500 mL）と薬品ビンを置く．

2.2　金属板の秤量（その1）：実験操作前の金属板の秤量

① 所定のハケを用いて電子天秤の上皿の「ゴミ」を取り除く．
② 電子天秤の扉を閉じ，→0/T← ボタンを押して表示を「0.0000」とする．
③ ピンセットを用いて金属片を上皿の真ん中当たりに置き扉を閉じる．
④ 表示された秤量値は小数点以下第3位までを**リザルトシート**の所定欄に記入する．小数点以下第3位までの記入は，「0.1234」と表示された場合，小数点以下第4位を四捨五入して「0.123」と記入することとする．金属板の秤量は各3回行い，その平均値を求める．

2.3　金属板の秤量（その2）：実験操作終了後の金属板の秤量

① 金属板試験はプラスチック製ピンセットを用いてビーカーまたはガラス反応槽から取り出し，廃液用ビーカー上で水洗浄する．
② 水洗浄後は，余分な水分をエタノールで置換する．キムワイプを用いて余分なエタノールを拭き取り，ドライヤーの冷風で乾燥させる．
③ 金属板の秤量（その1）に従い反応後の金属板を秤量する．

2.4 安全管理

実験中は種々の薬品を取り扱うので，教員の指示に従い保護メガネを必ず着用する．また，必要に応じてゴム手袋を着用する．

2.5 廃液処理

廃液は指定の廃液タンクに入れる．

2.6 後片付け

実験終了後は，ガラス器具・円柱型金属などは洗浄した後，器具ボックスに収納する．金属片や金属板はTAに返却する．キムタオルはゴミ箱へ，破損したガラス器具は専用の廃棄容器に棄てる．机の上は雑巾がけをする．

3 実験

3.1 塩酸溶液中での金属の溶解性とイオン化傾向の「考え方」

金属亜鉛を塩酸溶液に入れると，亜鉛は電子を失い陽イオン (Zn^{2+}) となって溶け出し，溶液中の水素イオンは電子を受け取って気体となる．

溶液中での反応は，

$$Zn + 2H^+ \longrightarrow Zn^{2+} + H_2$$

と示される．

希塩酸が入っている試験管にマグネシウム (Mg)，鉄 (Fe)，銅 (Cu)，銀 (Ag) を入れて観察すると，MgやFeが入った試験管では気体の発生が観察されるが，CuやAgが入っている試験管では気体の発生が観察されない．

この実験観察からMgとFeは，電子を失って陽イオンとなり溶液中に溶けることがわかる．CuやAgは，水素よりもイオン化傾向が小さいため，塩酸の「H^+」とは反応しない．このため，CuやAgは塩酸中では陽イオンになりにくく溶けない．すなわち，MgとFeは水素よりも陽イオンになりやすく，塩酸溶液に溶けることがわかる．

また，硝酸銀水溶液が入っている試験管に金属銅を入れると，銅が陽イオンとなって溶け出し，銀が単体として金属銅のまわりに析出することが観察される．

この反応式は，

$$Cu \longrightarrow Cu^{2+} + 2e^-$$

$$Ag^+ + e^- \longrightarrow Ag$$

と記述できる．結果として

$$2Ag^+ + Cu \longrightarrow 2Ag + Cu^{2+}$$

と表すことができる．同様に，銅 (Cu) の化合物である硫酸銅 ($CuSO_4$) の水溶液が入っている試験管に金属鉄(Fe)を入れると，Feは陽イオンとなって溶け出し，Cuが単体としてFeのまわりに析出することが観察される．

この反応は，

$$Cu^{2+} + Fe \longrightarrow Cu + Fe^{2+}$$

と表すことができる．

【実験課題—1】塩酸水溶液中での金属亜鉛および金属銅の溶解試験

1. 実験に用いる亜鉛板と銅板は，共通事項の2.2(その1)に従って秤量し，その秤量値をリザルトシートに記入する．
2. 2個の50 mLビーカー中に塩酸水溶液を約30 mLずつ入れ，それぞれに亜鉛板と銅板を入れる．実験開始してから約5分経過したら金属板表面の状態を観察し，リザルトシートに記入する．続いて共通事項2.3に従い実験後の金属板を秤量し，その結果をリザルトシートに記入する．
3. 実験結果と表面の観察結果から亜鉛と銅が塩酸水溶液に溶けるかどうかを考察し，リザルトシートに記入する．
4. 実験の終了後の片付け
   (1) 金属板はTAの指示に従い，返却する．
   (2) ビーカー中の「塩酸水溶液」は所定の広口試薬瓶に戻す．

【実験課題—2】硫酸銅水溶液中の鉄および硝酸銀水溶液中の銅の反応観察

1. 実験に用いる鉄板と銅板は，水をたらしたサンドペーパーで磨き，研磨後廃液用ビーカー上で水洗浄する．手に付着した金属は水道水でよく洗い流す．
2. 50 mLビーカーを2個用意し，硫酸銅溶液と硝酸銀溶液を約30 mL入れる．
3. 硫酸銅溶液には鉄板を，硝酸銀溶液には銅板を30～40秒程度入れて金属片表面の状態(色の変化)を観察して，その結果をリザルトシートに記入する．
4. 実験に用いた金属のイオン化傾向の順番をリザルトシートに記入する．
5. 実験の終了後の片付け
   (1) 金属の試験片はTAの指示に従い，返却する．
   (2) ビーカー中の硫酸銅溶液は所定の広口試薬瓶に戻し，硝酸銀溶液は廃液用ビーカーに棄てる．

3.2 イオン化傾向の「考え方」

硝酸ナトリウム溶液中に2種類の金属板を浸けると金属間に電位差が生じる．塩酸水溶液中での金属元素は，電子を放出して陽イオンになろうとする傾向を示す．この陽イオンになりやすさの傾向をイオン化傾向という．イオン化傾向が大きい場合には，水溶液中におけるその金属元素が陽イオンになりやすいことを示し，小さい場合には陽イオンになりにくいことを示す．水溶液中に2種類の金属元素を浸しておくとイオン化傾向の大きい金属元素は陽イオンとなって溶液中に溶け出し，イオン化傾向の小さい金属元素が析出することになる．これらの結果から，硝酸ナトリウム溶液中では，陽イオンになって溶ける金属と溶けない金属があり，陽イオンへの「なりやすさ」に差があることが推測される．

本実験では，単体である金属元素のイオン化傾向を調べる．

【実験課題—3】市販乾電池の電圧測定

1. 電圧計の0～2.5 V間にテスター付きリード線をはさむ．テスターコードは，赤と黒の2本が用意されている．赤は電圧計の「＋」端子に，黒は2.5 V端子に接続する．
2. 用意されている乾電池の各電極に赤・黒のテスターを当てて，乾電池の電圧を計り，その結果を**リザルトシート**に記入する．

【実験課題—4】溶液中における金属間の電位差測定

1. 亜鉛（刻印番号：1），マグネシウム（刻印番号：3），銅（刻印番号：4）の円柱型金属を用意し，円柱型金属試料の上面（番号刻印）と底面をサンドペーパーで磨く．円柱型金属試料の研磨は，水をたらしたサンドペーパー上で2～3回往復する程度とする．サンドペーパーで磨いた円柱型金属試料は，廃液用ビーカーの上で水洗浄し，キムワイプで水分をよく拭き取る．手に付着した金属粉は水道でよく流す．
2. シャーレにろ紙を敷き，硝酸ナトリウム水溶液を滴下してろ紙全体を湿らせる．湿らせたろ紙の上に穴の空いたプラスチック板を敷き，円柱型金属試料を刻印が上になるようにはめ込み（円柱型金属試料は湿らせたろ紙と良くなじむようにしっかり押し込む），約5分程度放置する．
3. 電圧計を用いて3種類の金属間の電位差を測定する．電圧計端子を金属円柱に当てるときは，端子を約1秒程度金属表面に当てて，そのときの電圧を素早く読み取る．読み取りは3回行う．測定が終了したら，最大値をもって電位差の値として**リザルトシート**に記入する．
4. 電位差データの測定終了後は，**リザルトシート**のバーグラフを作成する．
5. 実験の終了後の片付け
   (1) 円柱型金属試料は水で洗浄し，収納する．
   (2) 硝酸ナトリウムを含んでいるろ紙は，ゴミ箱に廃棄する．
   (3) 円筒型金属試料およびシャーレ，穴あきプラスチック板は水洗浄後，キムタオルで水分をとってから器具ボックスに収納する．

実験ノート　（実験メモとして自由に使ってください）

基礎化学実験１　リザルトシート　課題１A

実験日：　　　年　　　月　　　日（　　曜日）

　　年　　　組　　　番（混合クラス　　組）

実験者氏名：

基礎化学実験 1／D308	
月　　日	サイン

【実験課題―1】塩酸水溶液中での金属亜鉛および金属銅の溶解試験

金属板の秤量値

実験前の秤量値	金属亜鉛	金属銅
1回目の秤量値［g］		
2回目の秤量値［g］		
3回目の秤量値［g］		
平均値［g］		

溶解実験後の秤量値	金属亜鉛	金属銅
1回目の秤量値［g］		
2回目の秤量値［g］		
3回目の秤量値［g］		
平均値［g］		

秤量値のまとめ

金属板の秤量値	実験開始前［g］	実験終了後［g］	実験前後での変化量［g］
金属亜鉛			
金属銅			

金属板表面の状態観察

亜鉛板	
銅　板	

【実験課題―2】硫酸銅水溶液中の鉄および硝酸銀水溶液中の銅の反応観察

金属板表面の状態観察

鉄　板	
銅　板	

銅を中心としたイオン化傾向

鉄と銅	＞
銅と銀	＞
鉄と銅と銀	＞　　＞

【実験課題—3】市販乾電池の電圧測定

電池の名前	電　圧

【実験課題—4】溶液中における金属間の電位差測定

	Zn-Mg (1)-(3)	Zn-Cu (1)-(4)	Mg-Cu (3)-(4)
1 回目［V］			
2 回目［V］			
3 回目［V］			
最大値［V］			

各金属間の最大の電位差を下に転記し，棒グラフにしなさい．

	電位差［V］
Zn-Mg	
Zn-Cu	
Mg-Cu	

金属間の電位差

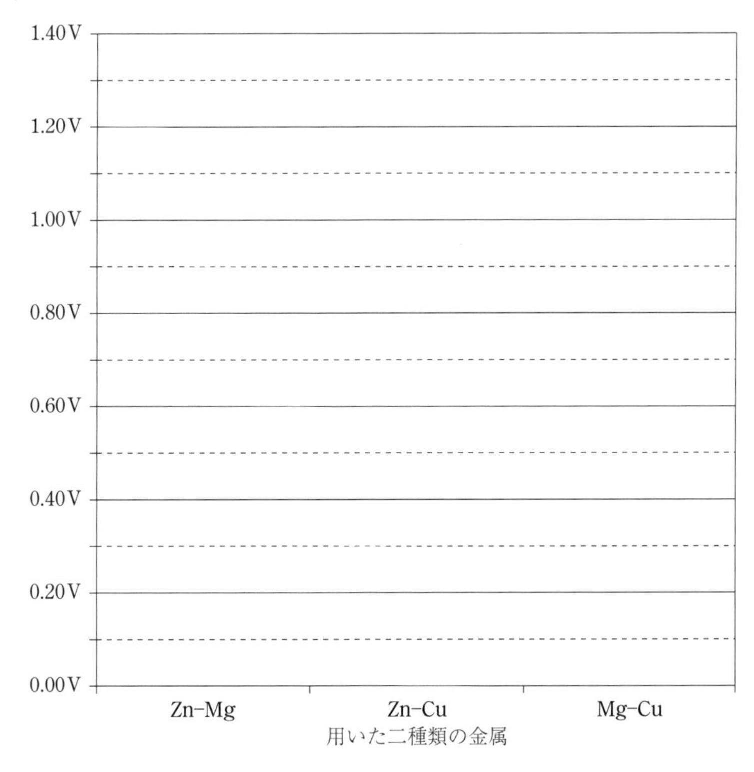

課題1B　電池の作製と観察

1　はじめに

ボルタ電池とその改良版であるダニエル電池（一次電池），さらに充電と放電を繰り返すことができる鉛蓄電池（二次電池）について学ぶ．

2　実験

2.1　ボルタ電池の「考え方」

ボルタ電池は，硫酸水溶液中で亜鉛と銅を電極として用いる電池である．ここでは化学エネルギーを電気エネルギーとして取り出す実験を行う．硫酸が入っているガラス反応槽中に絶縁体を中に挟んだ銅板と亜鉛板を浸す．銅板と亜鉛板は銅線で結んである．イオン化傾向によれば，亜鉛板が希硫酸中に溶け出し電子が発生し，発生した電子の一部が導線を通じて銅板上に移動することで，溶液中の水素イオンは銅板上で電子を受け取り水素となる．

この反応式は，

$$Zn \longrightarrow Zn^{2+} + 2e^-$$

$$2H^+ + 2e^- \longrightarrow H_2$$

となる．

しかし，亜鉛板上での副反応として金属亜鉛が陽イオンとして溶け出すと同時に，発生した電子が溶液中金属亜鉛近くの水素イオンと反応し水素を発生させる．このことから，発生した電子が亜鉛板表面で消費されてしまうことで電気エネルギーへの変換効率が悪くなる一因となっている．

【実験課題―1】ボルタ電池の作製と観察

1.　実験台上にキムタオルを広げ，ガラス反応槽，電極板取り付け具，銅板，亜鉛板，電圧計，希硫酸溶液，サンドペーパーを並べる．また，純水およびエタノール溶液が入った洗ビンを用意する．
2.　銅板および亜鉛板は水をたらしたサンドペーパーでそれぞれ約1分程度研磨する．研磨後に廃液ビーカー上で水洗浄する．手に付着した金属は水道水でよく洗い流す．水洗浄後の金属板は，エタノール置換する．エタノールで水分を取り除いた金属板は，ドライヤーの「冷風」で乾燥させる．乾燥後は3回秤量し，その結果を**リザルトシート**に記入し，それらの平均値求める．
3.　銅板と亜鉛板は，電極取り付け具にしっかりと固定する．ガラス反応槽には希硫酸溶液を半分程度入れた後，電極板を入れる．直ちに実験開始時間と電圧を測定する（この時間を0分とする）．電圧を測定した後，銅板および亜鉛板端子にプロペラを接続し，プロペラが回転するかどうか確認する．プロペラが回転したら銅板の表面と亜鉛板の表面をよく観察し，その表面状態の変化をリザルトシートに記録する．

4. 5分後，10分後に再び電圧を測定する．電圧の測定はプロペラを付けたまま行う．10分経過し電圧を測定したら，電圧測定用端子を取り外す．その後，電極取り付け具をそのまま持ち上げ，洗浄用ビーカーの上にて純水で洗浄，続いてエタノール置換を行う．電極板を取り外し，ドライヤーの「冷風」で乾燥させる．乾燥後は3回秤量し，その結果をリザルトシートに記入し，その平均値を求める．
5. 実験前後の秤量値を比べ，その変化からどちらの電極板が溶けたかを考える．
6. 実験終了後，ガラス反応槽中の希硫酸溶液は，元の試薬瓶に戻す．

2.2 ボルタ電池の改良版としてのダニエル電池の「考え方」

ボルタ電池では亜鉛板と銅板が同じ硫酸溶液中に浸かっている．亜鉛板と銅板を結線しない場合には，希硫酸中に溶け出た亜鉛の陽イオンは，亜鉛板中の電子に引き寄せられ自由には動けない状態にある．銅も希硫酸中で電位差を生じるが，電子はそのまま動きにくい．この状態で亜鉛板と銅板を結線すると，金属亜鉛が溶け出ることで発生した電子は，亜鉛板から銅板へ移動することが可能となる．希硫酸中には，亜鉛イオンよりイオン化傾向の小さい水素イオンが銅板に引き寄せられて水素が発生し電池となるため，ボルタ電池で起きる化学反応式にはCuは現れない．

ダニエル電池では，ボルタ電池と同様に亜鉛板と銅板を用いるが，希硫酸の代わりに硫酸銅（Ⅱ）水溶液と硫酸亜鉛水溶液を用意する．ガラス反応槽中に硫酸亜鉛水溶液を入れて亜鉛板を浸ける．同じガラス反応槽中に素焼き陶器製円筒容器を入れて，素焼き円筒中には硫酸銅（Ⅱ）水溶液とともに銅板を入れる．亜鉛板が入っている溶液と銅板が入っている溶液は素焼き円筒によって区切られている．

ここでの化学反応は，

$$\text{負極（亜鉛板）：} Zn \longrightarrow Zn^{2+} + 2e^-$$
$$\text{正極（銅　板）：} Cu^{2+} + 2e^- \longrightarrow Cu$$

である．ボルタ電池との違いは正極での反応である．ボルタ電池では，銅板上には水素ガスが発生する．結果として，この水素ガスの気泡はエネルギー変換の化学反応場である銅板上に水素イオンの接近を妨害することとなる．また，亜鉛板中に含まれる不純物や，副反応として亜鉛板上で水素ガスが発生することにより，期待される電位差（起電力）が得られない．ダニエル電池の正極では正極板上に水素ガスを発生させず，電極と同じ銅が析出する．

【実験課題—2】ダニエル電池の作製と観察

1. 実験台上にキムタオルを広げ，ガラス反応槽，半円型素焼き筒，電極板取り付け具，銅板，亜鉛板，電圧計，硫酸銅（Ⅱ）水溶液，硫酸亜鉛水溶液，サンドペーパーを並べる．また，純水およびエタノール溶液が入った洗ビンを用意する．

2. 銅板および亜鉛板は水をたらしたサンドペーパーでそれぞれ約1分程度軽くこすり，研磨後廃液ビーカー上で水洗浄する．手に付着した金属は水道水でよく洗い流す．水洗浄後の金属板は，水分を飛ばしやすくするためエタノール置換する．エタノールで水分を取り除いた金属板は，ドライヤーの「冷風」で乾燥させる．乾燥後は3回秤量し，その結果を**リザルトシート**に記入し，その平均値を求める．
3. 銅板と亜鉛板は，電極取り付け具にしっかりと固定する．ガラス反応槽には希硫酸亜鉛水溶液を入れ，半円型素焼き筒には希硫酸銅（Ⅱ）水溶液を同様に約半分程度入れる．固定した電極板は，銅板は半円型素焼き筒中に，亜鉛板は希硫酸亜鉛水溶液中に浸す．
4. 実験開始時間を0分として直ちに電圧を測定する．電圧を測定後，プロペラを接続し正極と負極の電極表面を観察し，**リザルトシート**に記入する．プロペラを回転させたら，5分後，10分後の電圧を測定する．電圧の測定時には，プロペラを付けたままにしておき，時間ごとに測定した電圧は**リザルトシート**に記入する．
5. 10分経過後，電極を取り出し，洗浄用ビーカー上で純水により洗浄し，エタノール置換する．電極板を取り外し，ドライヤーの「冷風」で乾燥させる．銅板上に析出した銅は非常に柔らかいので洗浄と乾燥時には丁寧に取り扱う．秤量の場合には，なるべく電極板表面よりも両端を持ち，析出した銅に接触してはならない．乾燥後は3回秤量し，その結果を**リザルトシート**に記入し，その平均値を求める．
6. 時間経過ごとの電圧の変化と秤量値の変化からボルタ電池からダニエル電池へ改良した内容の理解に努める．
7. 実験終了後

半円型素焼き筒中の希硫酸銅（Ⅱ）水溶液と希硫酸亜鉛水溶液は所定の試薬瓶中に戻す．半円型素焼き筒とガラス反応槽は，廃液ビーカー上で水洗浄を2回行う．洗浄後は再度実験に使用するので，ドライヤーで軽く乾燥させる．

2.3 二次電池である鉛蓄電池の「考え方」

二次電池とは充電することで繰り返し使用することができる電池である．本実験では代表的な二次電池である鉛蓄電池を学習する．鉛蓄電池は希硫酸中に電極として2枚の鉛板を用いるのが特徴である．放電時の2枚の電極板上における化学反応式は，

負　極：　$Pb + SO_4^{2-} \longrightarrow PbSO_4 + 2e^-$

正　極：　$PbO_2 + 4H^+ + SO_4^{2-} + 2e^- \longrightarrow PbSO_4 + 2H_2O$

となる．一方，充電時の化学反応式は，放電時の逆反応であり，

負　極：　$PbSO_4 + 2e^- \longrightarrow Pb + SO_4^{2-}$

正　極：　$PbSO_4 + 2H_2O \longrightarrow PbO_2 + 4H^+ + SO_4^{2-} + 2e^-$

となる．

反応式を見てもわかるように，充電時と放電時の反応が可逆反応であることが二次電池では重要である．放電が進行するとともに両極ともに水に不溶な硫酸塩が生成する．また，放電時には水が生成されるので硫酸の濃度が低下するが，充電時には水が正極で消費されるため，硫酸の濃度が上昇する．自動車用鉛蓄電池の能力は，硫酸の濃度に依存することから，ガラス製比重計などを用いて硫酸の濃度を測定すればよい．

【実験課題—3】鉛蓄電池の作製と観察

1. 実験台上にキムタオルを広げ，ガラス反応槽，電極板取り付け具，鉛板（2 枚），電圧計，希硫酸水溶液を並べる．
2. ガラス反応槽に希硫酸水溶液を約半分程度入れ，2 枚の鉛板を入れる．豆電球を結線して点灯するかどうかを確認する．点灯しない場合は放電完了と判断して次へ進み，点灯する場合は放電終了まで待つ．
3. 放電完了を確認後，電源装置の安全ボタンである赤ボタン（OUTPUT）が凸になっていることを確認する．確認後，直流電源装置の赤線を赤い線が入った鉛板に，黒線を青い線が入った鉛板につなぎ，電源ボタンを押して電源を入れる．電圧を約 3.5 V に電流を 0.50 A に調整すると，最大電圧表示，最大電流表示となる．さらに，赤ボタンを押して（凹）電流を流すと，印加電圧，電流表示モードとなる．この時，赤ボタンの上に赤ランプがつく．電流値が 0.50 A をオーバーする場合には電流調整ダイアルまたは電圧調整ダイアルにより 0.50 A に再調整する．電圧は 3.5 V を超えてもよい．電流調整の終了後，10 分間通電することにより充電する．実験開始時，5 分経過後，10 分経過後に，直流電源装置に表示された電圧および電流の値を読み取り，**リザルトシート**に記入する．
4. 電圧・電流測定が終了したら，充電直後の電圧を測定し，**リザルトシート**に記入する．豆電球を接続し，豆電球が点灯したら電極板の表面をよく観察し，その表面状態の変化をリザルトシートに記録する．また，豆電球が消灯するまでの時間も計測する．豆電球を点灯させて放電を行い，5 分後，10 分後の電圧を測定する．電圧の測定時には，豆電球を付けたままにしておく．時間ごとに測定した電圧は**リザルトシート**に記入する．放電から充電，さらに放電を行い，二次電池としての放充電機能を確認する．
5. 実験終了後，電極板は洗浄用ビーカー上にて純水で洗浄し，水気を良く拭いてからしまう．ガラス反応槽中の希硫酸は，元の試薬瓶中に戻す．ガラス反応槽は硫酸を水洗浄し，拭いてからしまう．電圧計，希硫酸溶液，サンドペーパーなどは最初の器具ボックスに戻す．純水は満水にして，エタノール溶液が入った洗ビンは所定の場所に戻す．

実験ノート （実験メモとして自由に使ってください）

基礎化学実験 1　リザルトシート　課題 1B

実験日：　　　年　　　月　　　日（　　曜日）
　　年　　　組　　　番（混合クラス　　組）
実験者氏名：

基礎化学実験 1／D308	
月　　日	サイン

【実験課題―1】ボルタ電池の作製と観察

金属板の秤量値

実験前の秤量値	金属亜鉛	金属銅
1 回目の秤量値 [g]		
2 回目の秤量値 [g]		
3 回目の秤量値 [g]		
平均値 [g]		

通電後の秤量値	金属亜鉛	金属銅
1 回目の秤量値 [g]		
2 回目の秤量値 [g]		
3 回目の秤量値 [g]		
平均値 [g]		

秤量のまとめ

金属板の秤量値	金属亜鉛	金属銅
実験開始前 [g]		
実験終了後 [g]		
実験前後での変化量 [g]		

電圧の測定

	電圧 [V]	プロペラの回転確認
電極板投入直後（0 分）		
5 分後		
10 分後		

金属板表面の状態観察

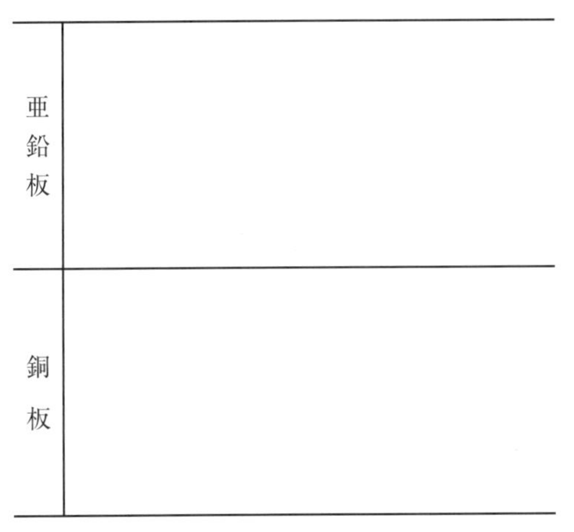

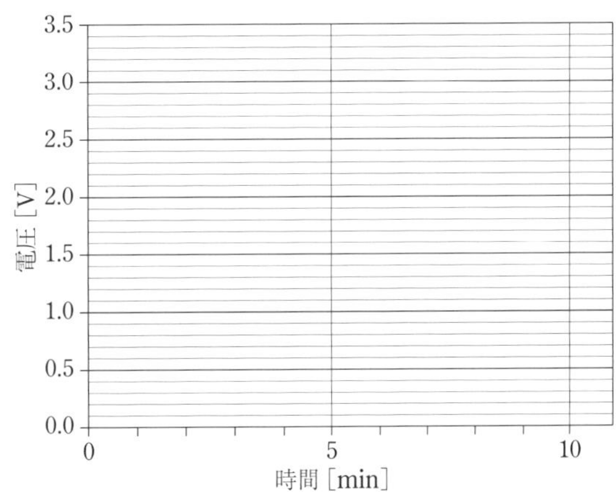

【実験課題―2】ダニエル電池の作製と観察

金属板の秤量値

通電前の秤量値	金属亜鉛	金属銅
1 回目の秤量値 [g]		
2 回目の秤量値 [g]		
3 回目の秤量値 [g]		
平均値 [g]		

通電後の秤量値	金属亜鉛	金属銅
1 回目の秤量値 [g]		
2 回目の秤量値 [g]		
3 回目の秤量値 [g]		
平均値 [g]		

秤量のまとめ

金属板の秤量値	金属亜鉛	金属銅
実験開始前［g］		
実験終了後［g］		
実験前後での変化量［g］		

電圧の測定

	電圧［V］	プロペラの回転確認
電極板投入直後（0分）		
5分後		
10分後		

金属板表面の状態観察

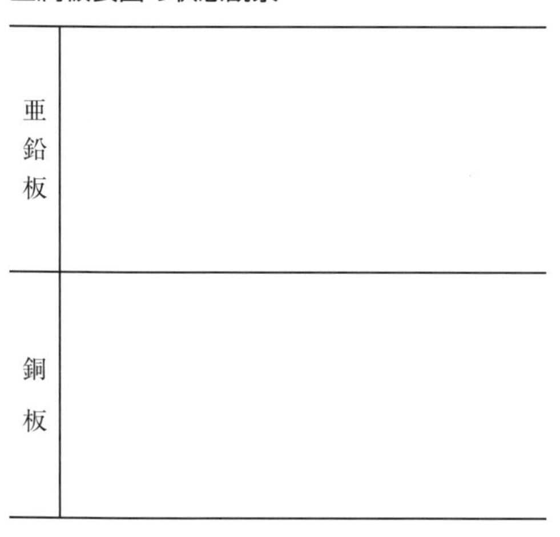

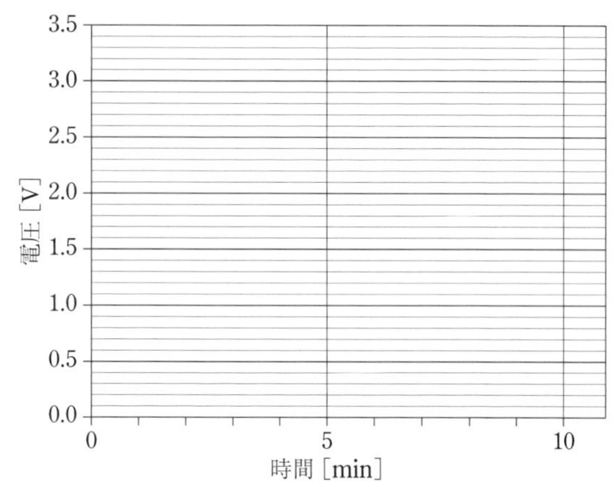

【実験課題―3】鉛蓄電池の作製と観察

充電時の直流電流装置のデータ			放電時の電圧計のデータ		
	電圧［V］	電流［A］		電圧［V］	点灯時間［sec］
充電開始時			放電開始時		
5分後			5分後		
10分後			10分後		

鉛電極板表面の状態観察（充電時・放電時）

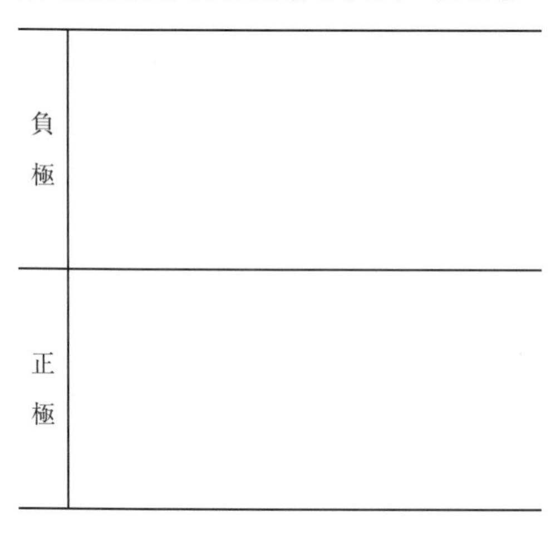

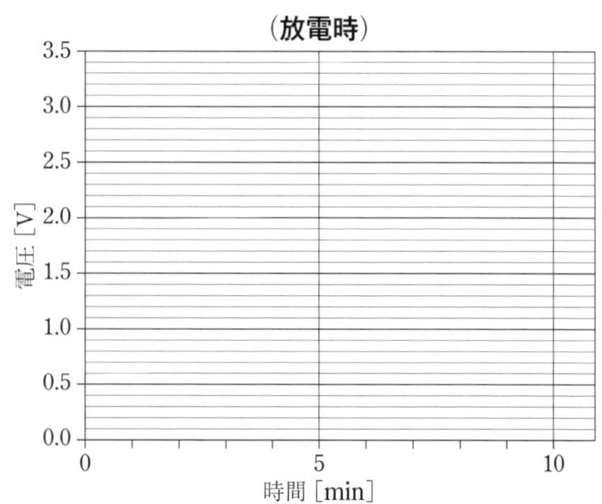

実験課題 1　電気と化学反応エネルギー

1A　金属のイオン化傾向と電池の基礎

1B　電池の作製と観察

使用器具・薬品一覧

1　使用器具

【実験器具ボックス ①】

50 mL ビーカー，廃液用 500 mL ビーカー，円柱型金属試料（亜鉛，マグネシウム，銅），シャーレ，穴あきプラスチック板，ガラス反応槽，半円型素焼き筒，電極板取り付け具，銅板，亜鉛板，プラスチック製ピンセット

【実験器具ボックス ②】

直流電源装置，電圧計，モーター＋プロペラ，豆電球，乾電池，テスターコード（赤・黒），ワニ口（グチ）クリップコード（赤・黒）

【教卓・実験台に準備】

鉄片，銅片，鉛板，キムタオル，キムワイプ，ドライヤー，サンドペーパー，ろ紙（70 mmϕ），保護めがね，純水およびエタノール溶液

2　試薬

① 硝酸ナトリウム：0.1 mol/L

② 硝酸銀：0.2 mol/L

③ 硫酸銅（硫酸銅五水和物）：0.5 mol/L

④ 硫酸亜鉛（硫酸亜鉛七水和物）：0.5 mol/L

⑤ 硫酸：0.5 mol/L

⑥ 塩酸：0.5 mol/L

『化学製品最前線』

—リチウムイオン電池—

携帯電話の普及で，リチウムイオン電池を充電して使用するのが一般的になっている．電池には充電可能な電池と充電できない使い捨て電池がある．

一次電池：充電できない使い捨て電池

アルカリ乾電池，リチウム一次電池，ボタン型電池

二次電池：充電可能な電池

リチウムイオン電池，鉛蓄電池

リチウムイオン電池の代表的な構成として，負極に黒鉛C（黒鉛の層間にLiが入っている），正極にコバルト酸リチウム $LiCoO_2$，電解質に炭酸エチレン $C_3H_4O_3$ などの有機溶媒とリチウム塩であるヘキサフルオロリン酸リチウム $LiPF_6$ を用いる．

放電時の電極上における化学反応式は，

負極：$Li_xC \longrightarrow C + xLi^+ + xe^-$

正極：$Li_{1-x}CoO_2 + xLi^+ + xe^- \longrightarrow LiCoO_2$

充電時は，それぞれ逆の反応が起きる．

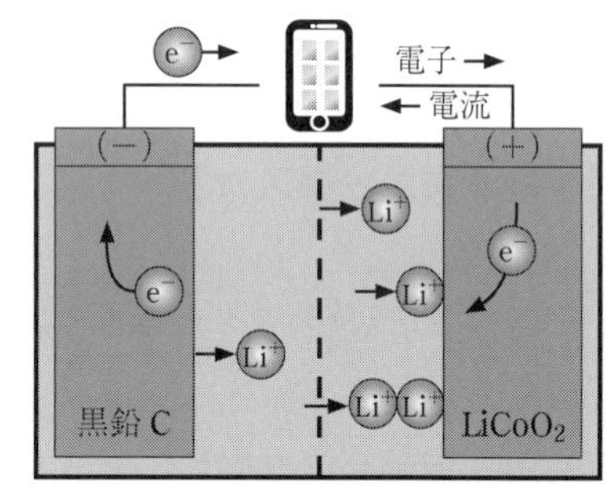

リチウムイオン電池の原理（放電時）

『化学の基礎』

—イオン化列—

イオン化傾向とは，水溶液中で電子を放出して陽イオンになろうとする傾向である．イオン化傾向の大きい順に元素を並べた序列がイオン化列である．

Li, K, Ca, Na, Mg, Al, Zn, Fe, Ni, Sn, Pb, (H), Cu, Hg, Ag, Pt, Au

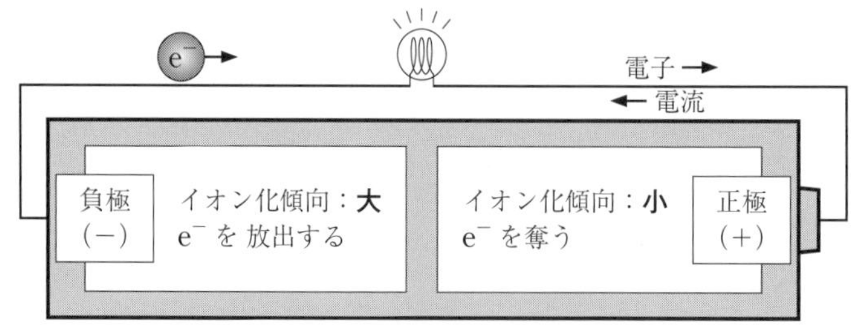

電池（電極と反応物）の「考え方」

基礎化学実験 1

実験課題 2　高分子と有機化学反応

2A. PMMA（有機ガラス）の合成と観察
～低分子から高分子への化学反応とそれに伴う物性の変化を学ぶ～

2B. ポリスチレンの分離とリサイクル
～高分子の分離手法/固形化手法の違いによる物性変化を学ぶ～

課題 2A　PMMA（有機ガラス）の合成と観察

～低分子から高分子への化学反応とそれに伴う物性の変化を学ぶ～

1　はじめに

ふとまわりを眺めてみればプラスチックだらけである．プラスチック，すなわち高分子材料は，私たちの暮らしの中になくてはならない物になっているのである．

たとえば，本実験で合成するポリメタクリル酸メチル（PMMA）は，透明性に優れるため有機ガラスともよばれ，ガラスの代替から始まり，現在は光ファイバーや薄型ディスプレイなどの材料として用いられている．コンタクトレンズ第一号も，このポリメタクリル酸メチルを使用して作製された．今では，遮音板や人工大理石として建材にも利用されている．

本実験では，ポリメタクリル酸メチルを合成して，得られた化合物の樹脂特性を観察することを目的とする．

2　試薬と実験器具

2.1　試薬

メタクリル酸メチル（青ラベル），過酸化ベンゾイル，トルエン（黄ラベル）

メタノール（緑ラベル）

危険防止のための注意

この実験では，毒性のある液体の「メタクリル酸メチル」，「トルエン」と「メタノール」を使用する．揮発しやすいので，これらを使用する実験操作はドラフト内で行う．保護眼鏡を着用し，ゴム手袋をはめてから実験操作に取り掛かる．操作中に気分が悪くなった場合は担当教員に知らせる．

2.2　実験器具

500 mL ビーカー，50 mL ビーカー，5 mL 駒込ピペット，プラスチック製薬さじ，ガラス棒，吸引瓶，ブフナーロート，ホットプレート，ろ紙（小，90 mmϕ），ろ紙（大，150 mmϕ），乾燥機，キムタオル，時計皿

3　実験

3.1　プラスチックの合成

1. 3.1の実験中はいつも保護眼鏡を着用する．
2. ゴム手袋をはめてから，実験に着手する．
3. 50 mL ビーカーにプラスチック製薬さじを用いて過酸化ベンゾイル 0.7 g 量り取る．
4. この 50 mL ビーカーに駒込ピペット（青ラベル）でメタクリル酸メチル（青ラベル）8 g，あるいは 8.5 mL を量り取る．どのような臭いがするかを確認しておく（リザルトシートに実験結果を記入）．

リザルトシート

> **危険防止のための注意**
> 臭いを嗅ぐときは，直接嗅ぐのではなく，手で仰いで嗅ぐ．

5. この 50 mL ビーカーに駒込ピペット（黄ラベル）を用いてトルエン（黄ラベル）4 g，あるいは 4.6 mL を量り取る．

実験メモ：実際にはかりとった試薬量を以下に記録する（容器を乗せた後にオートゼロを押下げ，表示が 0.00 g になった後，試薬をはかりとった際に表示された天秤の表示をそのまま記入）．

過酸化ベンゾイル　　：＿＿＿＿g
メタクリル酸メチル　：＿＿＿＿[　　]
トルエン　　　　　　：＿＿＿＿[　　]

6. ビーカー内をよくかき混ぜ，固体を完全に溶解させる（ここでしっかり溶解させないと，上手く反応が進まないことがある）．
7. ゴム手袋の上から，布手袋をはめる．
8. 130 °C に設定してあるホットプレート上に薬品を入れた 50 mL ビーカーを置き，時計皿で蓋をする．
9. 20 分間ぐらい，ビーカーの中を観察する（リザルトシートに実験結果を記入）．

リザルトシート

10. 溶液が水あめのようになり，糸を引くようになったら反応が完了しているので，ビーカーをホットプレート上から取り除いてドラフト内に置く．

実験メモ：実際に加熱に要した時間を記入　→

加熱時間：＿＿＿分（＿＿時＿＿分〜＿＿時＿＿分）

11. この 50 mL ビーカーに，洗浄ビンに入っているトルエンを加えて液量が 30〜40 mL になるようにする（この作業は，溶液量が十分に残っているときは行わなくてもよい）．
12. ガラス棒でゆっくりと溶液をかき混ぜる．水飴状の生成物がトルエンに溶解していく様を観察する．均一になったらかき混ぜるのを止める．

3.2　プラスチック樹脂の分離回収

1.　3.2 の実験中はいつも保護眼鏡を着用する．

2.　ゴム手袋をはめてから，実験操作にはいる．

3.　500 mL ビーカーに，メタノール（緑ラベル）を試薬ビンから直接約 400 mL になるように入れる．

4.　3.1 の実験で得られたトルエン溶液を細いガラス棒をつたわらせながらメタノール中に注ぎ込むと，白い固形物として析出する．もし糸状ではなく，粉末状になった場合には教員の指示に従う（リザルトシートに実験結果を記入）．

5.　それぞれの班のブフナーロートに適合するサイズ（90 mmϕ など）のろ紙を選び，ブフナーロートを用いたろ過の準備を行う．

6.　吸引ろ過を行い，液体と沈殿物をろ取する．このとき，ビーカーの中身は必ず上澄みから注ぎ込み，最後に固体部分をロート内に入れる（先に固体分を入れると目詰まりを起こしてしまい，ろ過が速やかに完了しなくなる恐れがある）．

> **逆流を防ぐためのポンプの止め方**
> ①ゴムチューブを抜き，減圧を解除する．
> ②ポンプのスイッチを切る．

7.　吸引ろ過に使用したろ紙をまず右図のように 2～3 枚のろ紙（150 mmϕ）の上に置き，さらに新しいろ紙を被せるように静かに乗せることにより，上下のろ紙に溶液を十分に吸い込ませる．

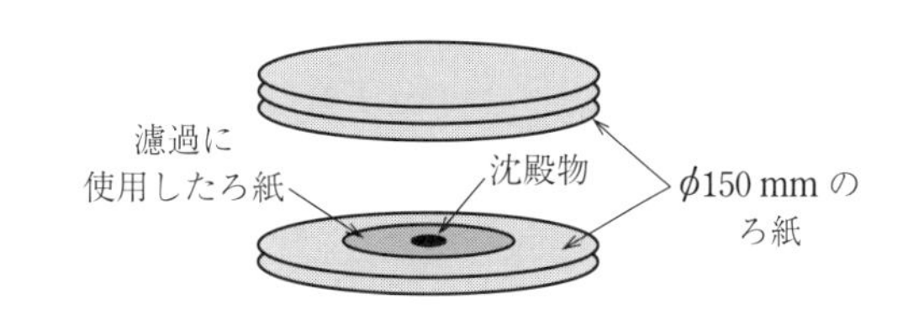

8.　沈殿物を含むろ紙を新しい 2 枚のろ紙で挟んで周辺を 4 箇所ほど折り，ろ紙に名前を書く．

9.　そのろ紙を 60 ℃ の乾燥機に入れる．

10.　10 分後，乾燥機から取り出す．

11.　乾燥させた沈殿物の状態を観察する．メタクリル酸メチルは無色透明な液体でセメダインのような臭いがするが，それがプラスチックになると白色の固体になり無臭になることを確認する（リザルトシートに実験結果を記入）．

12.　実際に手で触って身の回りにある繊維と硬さや強さを比較してみる．

実験メモ：手で触った感触や，透明感，臭いなどを以下に記入する．

3.3　片付け

1.　3.3の片付け中は薬品を取り扱うので，保護眼鏡を着用してゴム手袋をはめて片付けを行う．
2.　使用済の薬品は，教卓前に用意してある廃液入れに捨てる．
3.　ビーカーにこびりついた廃プラスチックはアセトンを染み込ませたキムタオルを用いて拭き取る．
4.　除けない廃プラスチックは，アセトン洗瓶，水道水洗瓶を用いて少量で洗浄して廃液タンクに入れる．

   チェック

   ※洗浄液は廃液タンクに入れる．

5.　使用したガラス器具は，洗剤を用いて水洗いする．
6.　洗浄したガラス器具が綺麗になっているかの確認をTAから得たのち，ガラス器具を器具ボックスに戻す．
7.　片付けが終わったら，実験コンテナにガラス器具が揃っているかどうかの確認をTAにしてもらう．

   ※紙ゴミは実験台横のゴミ箱へ捨てる．

   ※ゴム手袋は，ゴム手袋専用のゴミ箱へ捨てる．

4　解説

メタクリル酸メチルの分子量は，100である．このような分子量の小さい分子がつぎつぎと結び付く反応を重合といい，分子量が10,000以上になったものを高分子とよぶ．本実験では，過酸化ベンゾイルを重合触媒として用い，100個以上のメタクリル酸メチルを結び付けて高分子となったポリメタクリル酸メチルを得た．

メタクリル酸メチル（分子量100の揮発性の液体）

重合（触媒：過酸化ベンゾイル）

高分子量の1つの分子

高分子鎖

ポリメタクリル酸メチル（分子量10,000以上の不揮発性の固体）

長いひも状の構造をもつ高分子は，ラーメンやうどんなどの麺に例えられる場合が多い．長さ 30 cm のラーメンの麺をポリメタクリル酸メチルとすると，元となるメタクリル酸メチルは長さ 3 mm 程の麺となる．どんぶりの中のスープをお箸でかき混ぜると，長さ 3 mm の麺では抵抗は感じられないが，長さ 30 cm の麺ではお箸にからみつき抵抗となる．重合が進むにつれてメタクリル酸メチルの溶液の粘度が上がってきたのは，長い麺のように高分子鎖同士のからみ合いが出てきたからである．

また，メタクリル酸メチルは揮発性のある液体であり，セメダインのような臭いがする．しかし，メタクリル酸メチルが重合すると分子が 1 つずつ空中に飛び出すことがなくなり臭いはなくなる．

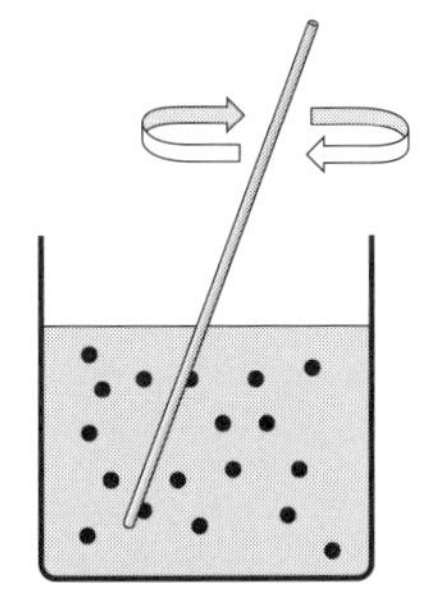

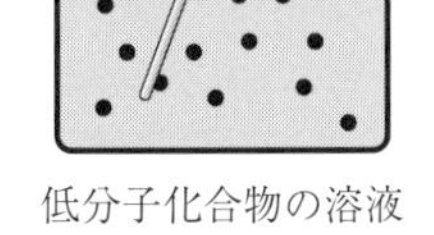

低分子化合物の溶液
（粘度は溶液とほぼ同じ）

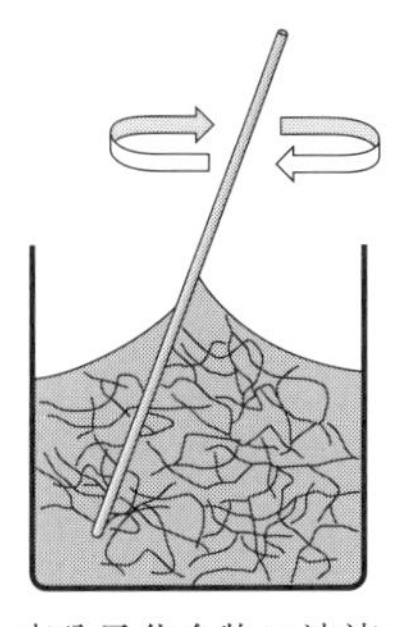

高分子化合物の溶液
（高分子鎖のからみ合いによる増粘）

ポリメタクリル酸メチルは，トルエンには溶けるがメタノールには溶けない．トルエン溶液に溶けていたポリメタクリル酸メチルは，トルエンよりも大量にあるメタノール中では溶けていることはできずに析出してくる．この性質を利用して，本実験では固体のポリメタクリル酸メチル樹脂を分離回収した．

基礎化学実験 1　リザルトシート　課題 2A

実験日：　　　年　　　月　　　日（　　曜日）

年　　　組　　　番（混合クラス　　組）

実験者氏名：

基礎化学実験 1／D303	
月　　　日	サイン

プラスチックの合成と分離回収

観察事項	実験結果
3.1 の実験操作　4. メタクリル酸メチルからどのような臭いがしましたか？	
3.1 の実験操作　10. ホットプレート上に置くと溶液はどのように変化しましたか？	
3.2 の実験操作　4. 溶液をメタノールに注ぐと溶液はどのように変化しましたか？	
3.2 の実験操作　11. メタクリル酸メチルの臭いは反応が進むとどのように変化しましたか？	

作製したプラスチックの状態（観察結果）

ポリメタクリル酸メチルの溶解性を確認（溶ける or 溶けない）
メタノールに＿＿＿＿＿＿＿＿，トルエンに＿＿＿＿＿＿＿＿

メタクリル酸メチルとポリメタクリル酸メチルの違いを述べよ
（反応の進行にともなう，においの変化も含めて考察せよ）

課題 2B　ポリスチレンの分離とリサイクル

～高分子の分離手法/固体化手法の違いによる物性変化を学ぶ～

1　はじめに

物であふれ誰もが便利な生活ができる一方，大量のごみの処理が問題になっている．この対策として，使用量の削減とともにリサイクルの必要性が広く認識されつつある．

ペットボトルのリサイクルは，一般にも浸透している．また，家電リサイクル法の施行により消費者のリサイクル意識も高まってきている．今では，建材，自動車や鉄道車両に利用されたプラスチックのリサイクルも検討されてきている．

プラスチックのリサイクルには，同じ物質として再生するマテリアルリサイクルや原料に分解するケミカルリサイクル，燃やして熱エネルギーを回収するサーマルリサイクルなどがある．

リサイクルが進んでいるものとして，ポリエチレン（PE），ポリプロピレン（PP），ポリスチレン（PS）やポリエチレンテレフタレート（PET）が挙げられる．ポリスチレンは，発泡スチロールや卵を入れる透明な固いプラスチック容器，建材などで日常的に目にする機会が多いプラスチックである．ゲーム機やプリンターなどのスケルトン部材（透明で中身が見えるところ）にも使われている．また，ポリエチレンはコンビニなどのレジ袋，ポリプロピレンはパンの袋やシャンプーのボトルに，ポリエチレンテレフタレートはペットボトルや合成繊維として利用されている．

本実験では，4 種類からなるプラスチック混合物の中からポリスチレンを分別回収し，マテリアルリサイクルによりフィルムに再生する過程の中で，各プラスチックの違いを学ぶことを目的とする．

2　試薬と実験器具

2.1　試薬

ポリエチレン，ポリプロピレン，ポリエチレンテレフタレート

ポリスチレン，塩化ナトリウム，テトラヒドロフラン（黒ラベル），アセトン

危険防止のための注意

この実験では，毒性のある液体の「テトラヒドロフラン」と「アセトン」を使用する．揮発しやすいので，これらを使用する実験操作はドラフト内で行う．保護眼鏡を着用し，ゴム手袋をはめてから実験操作に取り掛かる．操作中に気分が悪くなった場合は担当教員に知らせる．

2.2　実験器具

500 mL ビーカー，100 mL ビーカー，50 mL ビーカー，10 mL 駒込ピペット
ろ紙（大，150 mm），薬さじ，網のついたスプーン，ガラス棒，時計皿
スターラー，スライドガラス板，ガラスシャーレ，ドライヤー
キムワイプ，光学顕微鏡，キムタオル

3　実験

3.1　プラスチックの分類

1.　3.1 項の実験中は常に保護メガネを着用する．
2.　中央実験台に置いてあるプラスチックの混合物を入れたケースから 50 mL ビーカーの 8 分目くらいまですくい取る．この中には，ポリエチレン，ポリプロピレン，ポリエチレンテレフタレート，ポリスチレンが含まれている．
3.　500 mL ビーカーに水道水を 400 mL 程度加える．
4.　その中に 2. ですくい取ったプラスチックの混合物を全て入れ，ガラス棒でよくかき混ぜる．ポリエチレンとポリプロピレンは水に浮くが，ポリエチレンテレフタレートとポリスチレンは沈む（リザルトシートに実験結果を記入）．

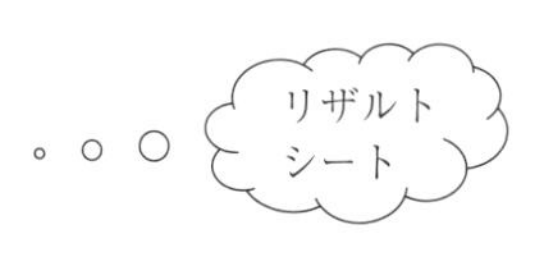

5.　水に浮いたプラスチックを網のついたスプーンでキムタオル上にすくい取る．
6.　100 mL ビーカーに，薬さじを用いて塩化ナトリウム 40 g を量り取る．
7.　4. の 500 mL ビーカーの溶液に，6. で量り取った塩化ナトリウムを入れ，完全に溶けるまでかき混ぜることにより，10 % の塩化ナトリウム溶液を調製する．
8.　数十秒すると沈んでいたプラスチックの一部が浮かんでくる．ポリスチレンは浮くが，ポリエチレンテレフタレートは沈む（沈んだプラスチックをリザルトシートの実験結果に記入）．

リザルト
シート

9.　水に浮いたポリスチレンを網のついたスプーンですくい取る．
10.　回収したポリスチレンの水をろ紙やキムタオルを用いてふき取る．
※このポリスチレンは 3.2 で利用するのでとっておく．
11.　回収したプラスチックは，充分乾燥した後に中央実験台に置いてある回収ボックスにいれる．
12.　使用した水溶液は用意してある廃液入れに捨てる．

3.2　プラスチックのリサイクル

1.　3.2 項の実験中はいつも保護眼鏡を着用する．
2.　ゴム手袋をはめる．
3.　3.1 の 10 で回収したポリスチレン 2.5 g を 50 mL ビーカーに量り取る．

4. ドラフト内で 100 mL ビーカーにテトラヒドロフラン（THF）（黒ラベル）30 mL（密度 0.889 g/cm^3 = 26.7 g）を加える．続いて撹拌子を入れてスターラーを回転させる．このビーカーに 3. で量り取ったポリスチレン 2.5 g を手で少しずつ加えていき，全てのポリスチレンを加え終えたら時計皿でフタをする．
5. ポリスチレンが完全に溶けるまで 30 分～60 分かかるので，この間に 6. から 7. の作業をしておく．加え終わった時刻とポリスチレンが完全に溶けた時刻を記録する．

（____時____分～____時____分）

6. ドラフト中にキムタオルを広げておき，スライドガラスを 2 枚用意する．
7. スライドガラスの表面に付着しているゴミをキムワイプで取り除く．
8. 4. のポリスチレンが完全に溶けていることを確認する．
9. スライドガラスを 1 枚手に取り，8. の溶液に浸した後，さらに水に浸してからスライドガラスを取り出して自然乾燥する．
   ※白濁したフィルムが得られることを観察する．
10. もう 1 枚のスライドガラスをあらかじめドライヤーの温風で加熱した後，8. の溶液に浸した後，直ちにスライドガラスを取り出して，ドライヤーの温風で乾燥させる．乾燥の目安は，溶媒の臭いがなくなるまでである．
   ※透明なフィルムが得られることを観察する．
11. 2 枚のスライドガラスの片面のフィルムを剥がす．

危険防止のための注意

ドライヤーで加熱したガラスは熱いので注意する．

【顕微鏡による観察前の片付け】

1. 実験では薬品を取り扱っているので，片付けに際しても，保護眼鏡とゴム手袋を着用する．
2. 適量の水溶液をテトラヒドロフラン溶液の入った 100 mL ビーカーに加える．
   ※ポリスチレンの白い粘性固体が生成するので，ガラス棒でよくかき混ぜる．この廃ポリスチレンの中にスターラーチップが取り込まれている．
3. ガラス棒を使ってビーカーから廃ポリスチレンを取り出す．さらに，キムタオルを使って廃ポリスチレンとスターラーチップを回収する．
4. 100 mL ビーカー中のテトラヒドロフランが入った溶液を廃液タンクに入れ，続いてこのビーカー内をキムタオルで拭くことにより，残存しているプラスチックを除く．
5. ビーカー，ガラスシャーレ，ガラス棒，時計皿，撹拌子をアセトン洗瓶，続いて水道水洗瓶を用いて洗浄する．
   ※洗浄液は廃液タンクに入れる．
6. 有機溶剤の除かれたガラス器具を水道で洗剤を用いて洗浄し，実験台にてガラス容器を水拭

き，乾燥させる．

7. 洗浄したガラス器具が綺麗になっているかの確認を教員かTAから得たのち，器具ボックスに戻す．
8. 実験コンテナにガラス器具が揃っているかどうかの確認を担当TAにしてもらう．

※紙ゴミは実験台横のゴミ箱へ捨てる．

※ゴム手袋は，ゴム手袋専用のゴミ箱へ捨てる．

3.3 リサイクル品の観察

1. 乾燥させた2枚のスライドガラスのフィルム表面を光学顕微鏡（対物レンズ10倍×接眼レンズ10倍＝100倍）で観察する．
2. 100倍で観察後，対物レンズを40倍にして400倍で観察する．白濁したものには肉眼では見えないミクロ孔が空いているが，透明なフィルムにはないことを観察する．ミクロ孔が光を乱反射させて透明になっていないことを確認する．前者は発泡スチロール，後者は卵を入れる透明で固いプラスチック容器と同じ構造をしている．リザルトシートへの顕微鏡像の描写については，担当教員の指示に従う．

リザルトシート

3.4 片付け

1. 使用済みのスライドガラスは使い捨てなので，洗わずに所定の場所に廃棄する．
2. 片付けが終わったら，担当TAに実験コンテナにガラス器具が揃っているかどうか確認をしてもらう．

チェック

顕微鏡の写真・レンズの説明

光学顕微鏡は下からの光が物体を通過するときの屈折率の違いにより，像を得る．したがって，物質には透過性がなければ見ることができない．透過した光は，対物レンズにより拡大化した実像になり，接眼レンズでさらに拡大した虚像を得る．約500～1000倍の像までは観察可能である．

※対物レンズ（×10）でピントを合わせてから，対物レンズ（×40）に切り替え，微調節で焦点を合わせる．

対物レンズ

物体の像の一次拡大を行う．複数のレンズの組み合わせからなり，倍率が大きいほど作動距離（W.D.）が短くなる．

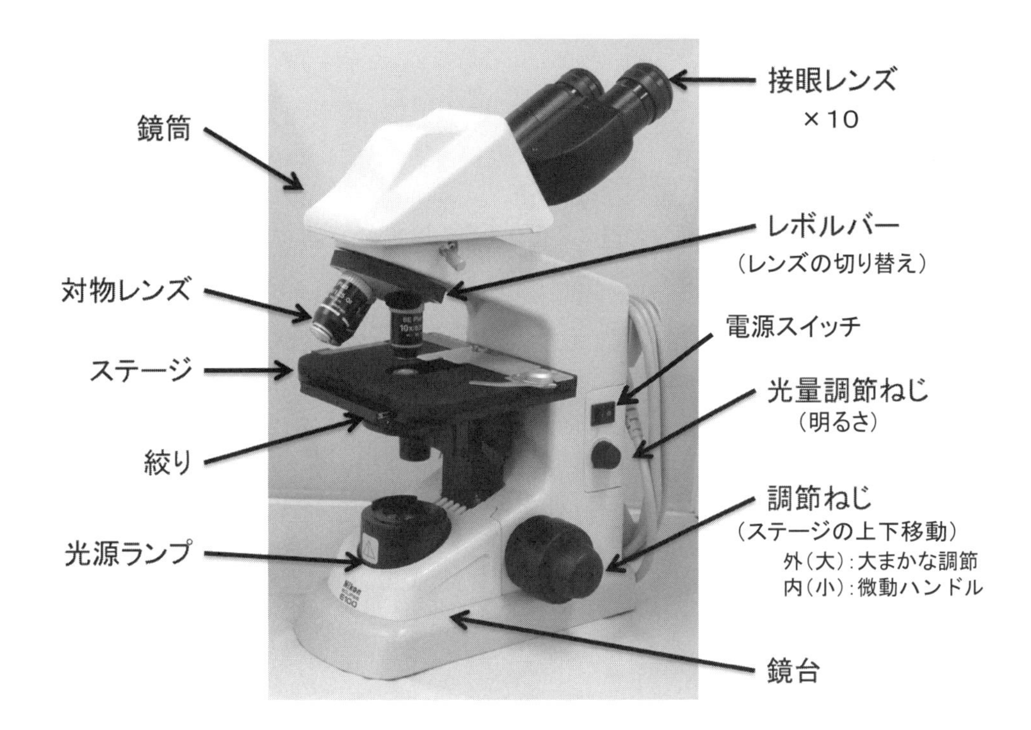

顕微鏡の使い方

1. 顕微鏡を箱から取り出す．
   - 顕微鏡は精密機械である．常に丁寧に取り扱わなければならない．
   - 扉を開けるとアームが手前になっているのでアームを持って静かに取り出す．
   - 箱は実験の妨げにならない所に置き，必ず同じ箱にしまわなければならない．

【実験上の注意：対物レンズの保護】

一番倍率の大きな対物レンズ（一番鏡筒の長いレンズ）をプレパラートの真上に設置し，焦準粗動ハンドルでレンズをギリギリまで近づけ，焦準粗動ストップレバーで止める．この操作により，レンズとプレパラートがこれ以上近づかないようにロックをかける．

※ストップレバーは機種により異なるので，わからない場合にはTAに確認をする．

2. スライドガラスをステージに固定する．
3. 倍率の一番小さい対物レンズ（×10）をセットし，粗動ハンドル（調節ねじの半径の大きい方）を動かし，像が鮮明に見える所を探す．微動ハンドル（調節ねじの半径の小さい方）を動かし，微調節によりさらに鮮明な像を得る．
4. 観察したい部分を中央に移動させ，レボルバーを静かに回転し，一段，倍率の大きいレンズ

（×40）に換え焦準微動ハンドルで調整する．

5．光の強さと絞りを調節し，コントラストの良い像を得る．

（注意）光量を上げすぎると，凹凸が見にくくなるので注意する．

6．観察結果をリザルトシートに記入する．

（注意）必ず視野の円を含めて描く，観たままを丁寧に写すように心がける．

7．対物レンズと後眼レンズの倍率を視野の円の右下に記録する．

4 解説

4.1 プラスチックの分類

プラスチックにはさまざまな種類があり，これらを外見から見分けるのは困難である．そこで本実験で用いたプラスチックでは密度の違いを利用して分離した．プラスチック，水，塩化ナトリウム水溶液の密度を下記の表にまとめる．

表 プラスチック，水，塩化ナトリウム水溶液の密度

名称	密度（g/cm^3）
ポリプロピレン（PP）	0.90～0.91
ポリエチレン（PE）	0.91～0.97
水	1.00
ポリスチレン（PS）	1.03～1.05
10％塩化ナトリウム（NaCl）水溶液	1.07
ポリエチレンテレフタレート（PET）	1.34～1.39

密度は，単位体積あたりの質量を表すものである．水より軽いものは浮かび重いものが沈む現象は，日々の暮らしの中でも目にするものである．プラスチックの混合物を水に入れると，水より密度の小さいポリエチレン（PE）とポリプロピレン（PP）は浮かび，それより大きいポリスチレン（PS）とポリエチレンテレフタレート（PET）が沈んだのはそのためである．

水に塩（塩化ナトリウム）を加えると水溶液の密度は大きくなる．海水浴で海に入っている時にプールよりも体が浮きやすいことを体験した人も多いことであろう．塩化ナトリウム水溶液の濃度を10％にすると，この水溶液の密度はポリスチレン（PS）とポリエチレンテレフタレート（PET）の密度の間になる．そのため密度の小さなポリスチレン（PS）のみが液面に浮かび上がってくるのである．

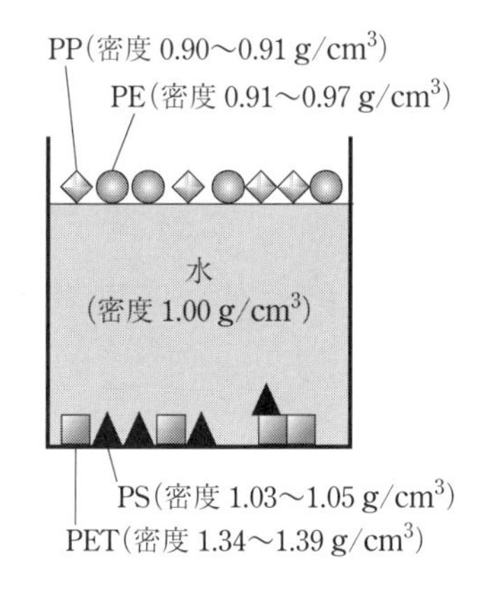

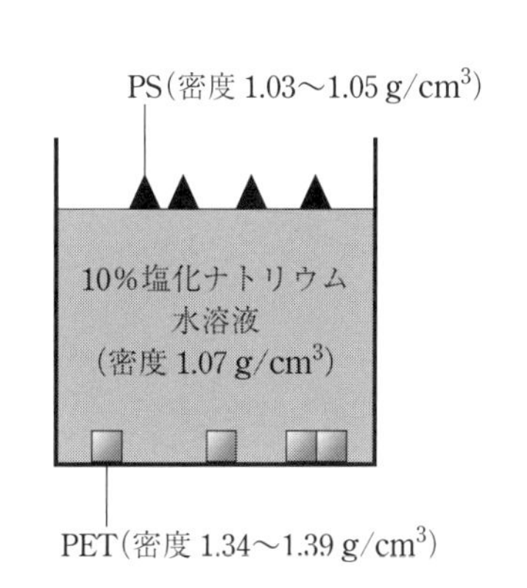

4.2　プラスチックのリサイクルとリサイクル品の観察

本実験では，樹脂状のポリスチレンをフィルム状に再生した．ポリスチレンは試薬のテトラヒドロフランに溶ける．この溶液をスライドガラス表面に付けた後，テトラヒドロフランを揮発させて乾燥させるとフィルムになる．水に浸けるまでの乾燥時間が短いものは白濁し，長いものは無色透明となる．

プラスチックは，ラーメンやうどんなどの麺に例えて考えてみる．上記で分類したポリスチレン樹脂は，ポリスチレンの高分子鎖が集まった状態である．例えるならば，茹で上げる前の乾燥したインスタントラーメンである．

インスタントラーメンは，沸騰したお湯の中に入れて1分もすれば柔らかくなってくる．箸でほぐせば，鍋の中に柔らかくなった麺が分散していく．これが，ポリスチレン（麺）をテトラヒドロフラン（お湯）に溶かした状態である．

茹であがった麺をお湯から出してお皿の上に置いてみたとする．柔らかくなった麺は器の形にあわせて形を自由に変えることができる．平らなお皿の上に薄く広げて盛り付けることもできる．スライドガラス表面（平らなお皿）にポリスチレン溶液を薄くのばして付着させて，テトラヒドロフラン（お湯）を揮発させて乾燥させるとポリスチレン（麺）のフィルムが得られる．

平らなお皿の上に薄く麺を広げる時に，麺を疎に敷いて隙間を空けること（下図左）も，麺を密に敷いて隙間を空けないこと（下図右）もできる．顕微鏡でポリスチレンのフィルムを観察した際に，小さな泡があったりなかったりしたはずである．前者は白濁し，後者は無色透明であった．泡のように隙間が空いていると光が乱反射するために白濁したのである．

水に浸けて乾燥をゆっくり行うとなぜ空隙ができるのかを考察する．

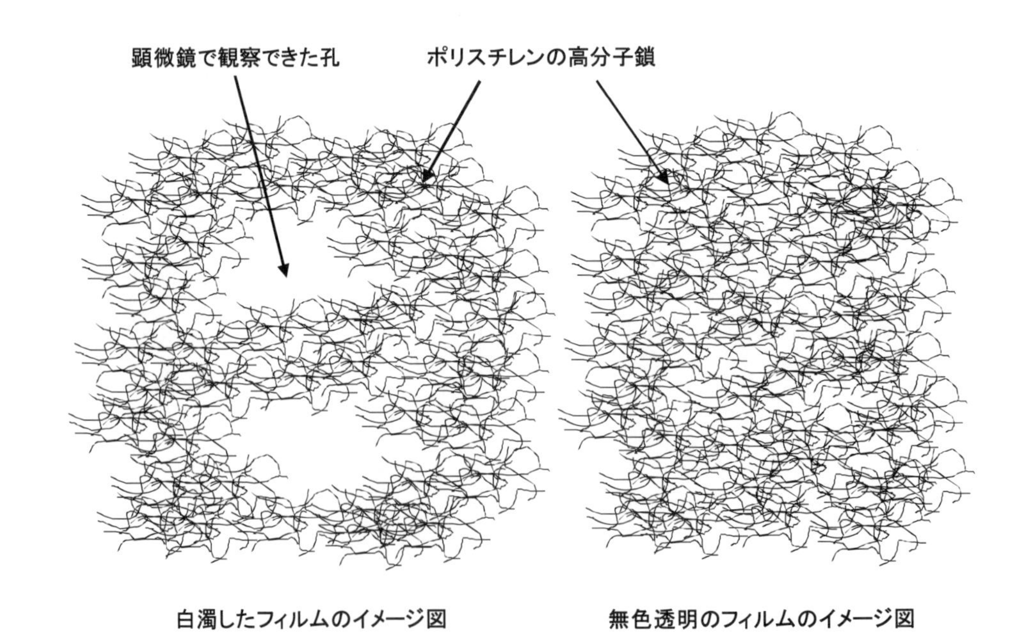

基礎化学実験 1　リザルトシート　課題 2B

実験日：　　　年　　月　　日(　　曜日)

　　年　　組　　番(混合クラス　　組)

実験者氏名：

基礎化学実験 1／D303	
月　　日	サイン

【3.1 の実験結果】プラスチックの分類とリサイクル

プラスチックの分類操作		分別された高分子 (該当するものに○)
3.1 実験操作　4.	純水中で浮いたもの (純水の密度：　　　g/cm^3)	PE・PP・PS・PET (浮遊物の色：＿＿＿＿)
3.1 実験操作　8.	10％　塩化ナトリウム 水溶液中で沈んだもの (NaCl 水溶液密度：　　　g/cm^3)	PE・PP・PS・PET (沈殿物の色：＿＿＿＿)
	最後に浮かんだプラスチック 【リサイクルする高分子】	PE・PP・PS・PET (浮遊物の色：＿＿＿＿)

【確認】プラスチックの密度

PE：＿＿＿＿g/cm^3・PP：＿＿＿＿g/cm^3・PS：＿＿＿＿g/cm^3・PET：＿＿＿＿g/cm^3

【3.3 の実験結果】リサイクル品の顕微鏡観察のスケッチと考察

ドライヤー加熱した試料	そのまま放置した試料
顕微鏡像 倍率：＿＿＿＿	顕微鏡像 倍率：＿＿＿＿

顕微鏡観察のスケッチから二つの乾燥方法による構造の違いを述べよ.

顕微鏡観察の結果をふまえ，二つのリサイクル品の外観(見た目)の違いを説明せよ.

基礎化学実験 1

実験課題 3　セラミックスと無機化学反応

3A．粘土の成形と焼成

～天然の粘土を使用して成形および素焼を行い，セラミックス製造の基礎を学ぶ～

3B．素焼物の本焼と密度測定

～粘土の焼成による変化の観察および密度測定を行い，セラミックスの性質を学ぶ～

課題3A　粘土の成形と焼成

1　はじめに

非金属の無機物を高温で焼き固めた，ガラスや陶磁器などの「固体材料」を『セラミックス』とよぶ．「セラミックスと無機化学反応」では，天然の粘土を成形および素焼することで『セラミックス』製造の基礎を学ぶ．本実験では，天然の粘土を用い，これを希望する形に手で成形し，これを700 °C前後で素焼き，その後釉薬を掛けて1200 °C前後で本焼きすることで，陶器を制作する．

1.1　セラミックスの歴史

人類がはじめて製作した“化学合成品”は，「土器」であると考えられる．当時の土器は，練った土をおよそ700～900 °C（いまでこそ比較的低温として扱われるが，当時の人類にとっては大変な高温であった）で野焼し，焼き固めたものである．それ以前にも，たとえば人の手からなる製品に石器があったが，その製作に関連する技術を考えると，石を打ちつけたり磨いたりといった機械的な加工にとどまっていた．これに対し，加熱による化学変化を利用した土器の製作が始まったことは，現代の科学技術の発展にもつながる，きわめて大きな進化であったといえる．今では，粘土をはじめとする非金属無機物質などを焼き固めて作ったものを，総称してセラミックスとよんでいる．現代へと続くセラミックスの歴史は，まさしく土器から始まったのである．

1.2　セラミックスの原料

セラミックスは，「陶磁器」と和訳されることがある．陶磁器は，粘土から作られる．粘土の主成分は，$Al_2O_3 \cdot SiO_2 \cdot 2H_2O$（カオリン）で人工的に作ることができる．また，複数の金属酸化物の微粒子（粒径5 μm以下）の混合体ともいえる．水との親和性により，水とこねると塊になり成形しやすくなる．水の量により，硬さを調節することができるが，水が多すぎるとドロドロになる．

鉱物を削って形を作ることは容易ではない．鉱物微粒子から作られる粘土は成形がたやすく，複雑な形を造ることができる．主として鉱物を用いた陶磁器は高温の窯の中で溶融，焼結，または焼成処理を行って得られるものであり，①粘土で形を作る，②素焼する，③上薬を塗って本焼きする，といった工程で作られる．

粘土を成形した上で乾燥または加熱した土器類は1万年前から使用されている．粘土はケイ酸塩鉱物の微細な粒子の集まりで，水で練ると可塑性が生じるため，成形が容易である．しかし，

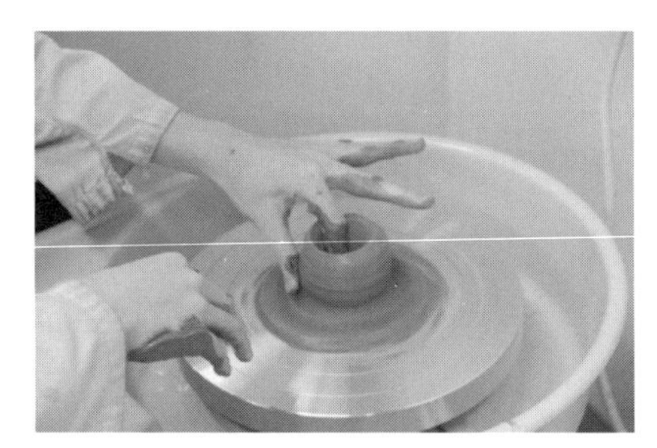

図1　粘土を用いた作品の制作

焼成の際に縮小が起こるため，焼成後の加工が困難であり，正確な寸法の製品をつくりにくいという特徴もある．

1.3　焼結とは

“焼き物”の成分のひとつである酸化アルミニウムの粉体に限って考えてみる．この粉末を水で練って茶碗の形に成形した場合，形は乾燥させてもそのままだが，水をかければ崩れてしまう．では，その茶碗を十分な高温（たとえば 1800 °C 以上）で焼いた場合を考える（参考までに，酸化アルミニウムの融点はおよそ 2000 °C である）．この温度では酸化アルミニウムの融点よりも低いので，酸化アルミニウムの粉末は固体のままのはずである．しかし，現実には十分な時間保持した後には，水をかけても崩れず，十分な機械的強度をもった“焼き物”になっている．このような現象を一般に焼結と呼ぶ．

焼結前の酸化アルミニウムの粉末粒子同士は，一部分が接触していると考えられる．接触といっても，室温での粒子は硬く変形しないから粒子同士が隙間なく接触することはできない．ここで，表面張力のことを思い出してほしい．たとえば，水滴と水滴を接触させるとひとつの水滴になるように，液体の表面には，その表面積を最小にしようとする力が働く．実は，酸化アルミニウムの粒子同士にもまったく同じことがいえる．固体なので，すぐさま粒子同士がひとつにはなれないが，ひとつになろうとする力が働くことに変わりはない．そこで，十分な高温にすれば，原子の移動（拡散）速度が速くなり，現実的な時間（数時間から数日程度）で互いの粒子同士がくっつきあう．粘土の成形体を融点以下に加熱すると，隣り合う粒子同士が徐々に接着して固化する．これを「焼結」という．

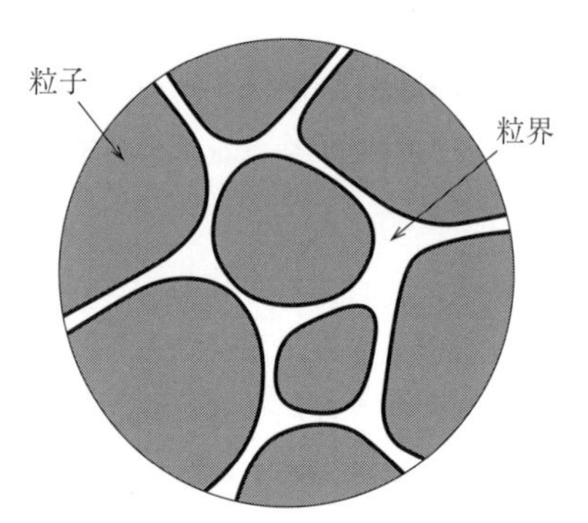

図2　粘土の粒子と粒界

「焼結」により，成形した粘土は堅くなり強度がでる．また，粘土を作っていた水は高温のため蒸発し，水のあったところは空間（隙間）になる．この空間により，空気や水を通す性質をもつ．この状態を「素焼き」という．得られた素焼きに上薬（釉薬）を塗って，1200 °C で焼くと目がつまり，つやがでる．これを「本焼き」といい，課題 3B で取り扱う．

1.4　セラミックス材料

陶磁器やレンガはセラミックスの一種である．陶磁器やレンガは砕けやすく，材料として力学的に弱いイメージがある．しかし，最近のセラミックス技術の進歩により，2000 °C を超える高温さえ得られるようになり，高い強度をもつセラミックス材料を作り出すことに成功している．それにより，さまざまな無機化合物の混合物である天然の粘土に代え，たとえば酸化アルミニウムなど，精製あるいは人工的に合成した純粋な原料を用いた“焼き物”が作られるようになった．

セラミックスは，硬く耐熱性にすぐれ，腐食に強く，電気を通さないなどの特徴をもつ．さらに，原料を精製したり化合物を使ったりして性能を向上させることで，電気的機能や磁気的機能，光学的機能，力学的機能を付与することで，さまざまなセラミックスが生活の中で利用されている．これらは，最近新しい照明用電球として注目されている LED の基板や，パソコンなどに使われている CPU のパッケージや基板，自動車の排ガス浄化触媒，ハイブリッド自動車の電池材料など，身近なハイテク機器になくてはならない材料となっている．さらに，人工の歯や骨としての利用もある．セラミックス材料の性質を以下に示す．

表 1　セラミックス材料の性質

	性質
構成要素	主として金属酸化物
結合	イオン結合，共有結合，および両者の混合
粒界構造	比較的複雑で，厚い
	気孔がある
力学特性	脆い
疲労・破壊の機構	亀裂の生長
耐熱性	大

2　実　験

2.1　試料および実験器具・装置

粘土，粘土板，電気炉

2.2　素焼試料棒・作品の成形と仮焼（素焼）の実験操作

1.　担当教員または TA の指示に従って，実験に用いる粘土を受け取る．
2.　素焼試料棒の成形用として，受け取った粘土から一部を分け取る．
3.　粘土板上で手のひらを使って，素焼試料棒（直径 2 mm，長さ 20 cm 程度）を 5 本成形する．

粘土を長時間こねていると乾燥してくるが，このとき湿りを与えすぎない方がよい．水分を与

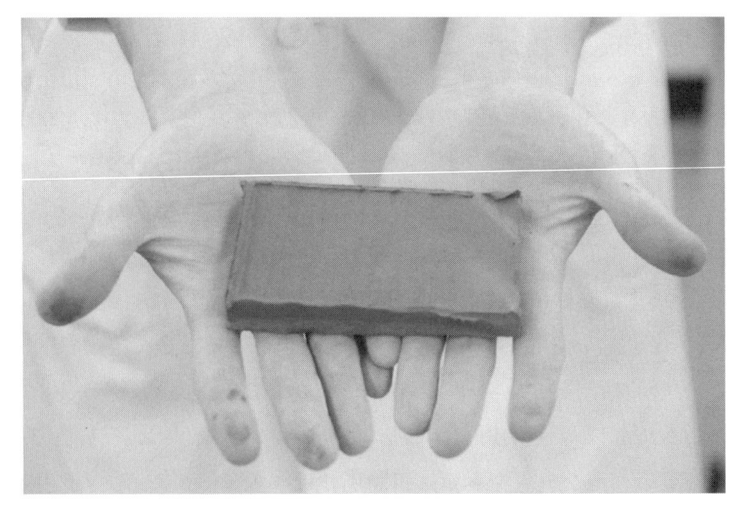

図 3　実験に使用する粘土の一例

えすぎると粘土が泥状になり，成形が困難になってしまう．1 回に与える水分は，手のひらを水で湿らせる程度とする．

4.　受け取った粘土の残りを用いて，作品を制作する．このときの作品は，塊状・厚手のものを避け，できるだけ薄手のもの（5 mm 以下の厚さ）を作る．肉厚のものは，焼成時に割れてしまう．また，誰の作った作品かを後で区別できるように，作品の底部などにシャープペンシルなどで銘（名前やイニシャルなど）を入れる．この時，担当教員の指示に従い，作品の一番長い箇所の長さと重さを測定する．

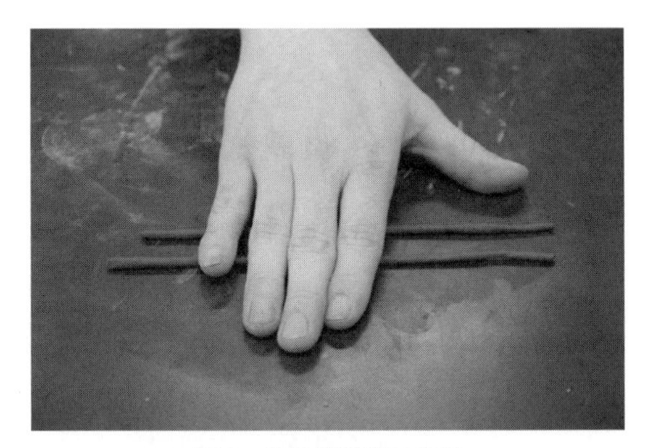

図 4　素焼試料棒の成形

焼成前の作品について

一番長い箇所の長さ [cm]	
重さ [g]	

図 5　粘土を用いた作品の製作

5.　素焼試料棒と作品を，電気炉を用いて仮焼（700 °C 程度）する．

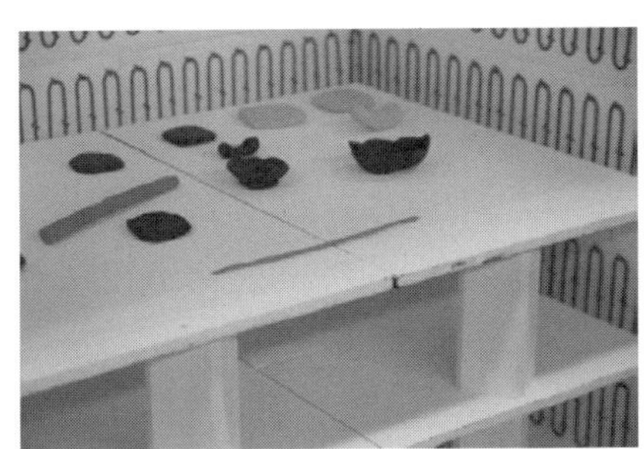

図 6　電気炉を用いて仮焼および仮焼後の作品例

※粘土成形後の手洗いについて

粘土の成形により手や粘土板に付着した粘土は，専用の洗い容器内で 1 度洗浄する．流し台で直接洗浄すると粘土が排水溝につまる恐れがあるため注意する．

※電気炉の使用について

加熱中の電気炉は非常に高温となる．加熱中は掲示および立ち入り禁止の措置を行うが，周辺に近づく場合，十分に注意する．また，作品などを電気炉に入れる場合は，担当教員および TA の指示に従う．

実験ノート　（実験メモとして自由に使ってください）

基礎化学実験 1　リザルトシート　課題 3A

実験日：　　　年　　　月　　　日（　　曜日）

　　年　　　組　　　番（混合クラス　　　組）

実験者氏名：

基礎化学実験 1／D307	
月　　　日	サイン

1．用いた粘土の名称と，その特徴

粘土の名称	
粘土の特徴	粘土の色や質感などの特徴を観察せよ

2．作製した作品のスケッチ（観察）

一番長い箇所の長さ：

＿＿＿＿＿＿＿＿＿＿cm

重さ：

＿＿＿＿＿＿＿＿＿＿g

作品の状態は？（メモ）

3．作品を焼成すると，どんな変化が起きるか推察せよ．またその理由を述べよ．

4．実験を通しての感想

課題 3B　素焼物の本焼と密度測定

1　はじめに

素焼の焼き物は，焼結が進んでいないために気孔が多く，水に浸すと吸水する性質をもつ．一般的な陶器は，水に溶いた釉薬を素焼の焼き物にかけて，高温で再焼成したものである．これを「本焼」という．気孔を通って浸透した釉薬が焼成によりガラス化して吸湿・透水性がなくなり，さらに生地自身もさらなる高温で焼成されることで気孔が減り強度が増す．

気孔の多い素焼の焼き物は，これを構成する物質の密度に比べて，みかけの密度（これをかさ密度とよぶ）が小さい．本課題ではピクノメータを用いたアルキメデス法（簡単に言えば，なみなみと湯を張った浴槽に人が入ると，入った分のからだの体積と同じ分の湯が浴槽から出ていくことになり，この原理を利用して体積を測る方法のこと）により，素焼試料棒を構成する物質の密度（これを真の密度とよぶ）と，実際に作製した素焼試料棒のかさ密度を測定することで，素焼の焼き物の性質を実験的に確かめる．

1.1　素焼と本焼

セラミックスは無機物の熱化学反応によって得られる固形物である．素焼による焼成過程では，原料である成形した粘土より水分が除去され，原料粒子間の距離が近づき，結合してさらに収縮する．この時，成形体の表面と内部に温度差が生じると壊れてしまうため，ゆっくり加熱を行う．粘土で成形したものをそのまま焼いた「素焼き」は，表面が粗く，色は用いた粘土に起因する上に，水を吸収してしまう．そこで，釉薬（ゆうやく）を素焼きした焼き物の表面に施し，焼くと表面をガラス質が覆い，金属成分が熱による化学変化を起こすため着色される．さらに小孔をふさぐため耐水性が増し，陶器として使用できる．

1.2　釉薬の分類

釉薬は焼き物の表面を薄いガラス質で覆うものである．釉薬は粘土とともに焼成し，溶融することで，表面を硬くし，美しくし，さらに透水性をなくす．焼き物の表面に施された釉薬は，構造的にはガラスと同じである．現在，日本では高温（1400 °C 程度）から低温（800 °C 程度）までの広い焼成温度範囲でさまざまな釉薬を用いて陶磁器が作られている．

ここで，2 回の焼成プロセスをとるのは，粘土の状態に上薬を塗って 1200 °C で本焼きをすると釉薬が表面をガラスコーティングしてしまい，粘土内の水分が蒸発する際に逃げ道を失い，爆発するのを防ぐためである．

表2　焼成温度と使用原料による釉薬の分類

高火度釉：磁器・陶器・施釉炻器
長石釉，石灰釉，タルク釉 … 1250 °C 以上（生釉） 亜鉛釉，鉛釉，バリウム釉 … 1200 °C 以上（生釉）
低火度釉：精陶器・粗陶器
アルカリ釉，硼珪酸塩釉　… 1200 °C 以下（フリット釉） 長石釉，石灰釉，タルク釉 … 1000 °C 以下（生釉）

1.3　密度の測定

密度 [g/cm^3] は，「物質の質量 [g]/物質の体積 [cm^3]」で示される．材料の密度には，定義によって真密度，かさ密度などがある．固体の真密度（True density）の測定方法には液体置換法・気体置換法・浮遊法・直接法など種々の方法があるが，実験操作が簡単で再現性のよい液体置換法を用いることにする．

① **真密度**：実在の材料に対する固体物質自身の密度であり，固体試料の気孔は試料の体積として考慮しない．粉末試料などについてピクノメータを用いて測定して得られる．

② **かさ密度**：たとえば素焼きものには気孔が存在する．これらを試料体積の一部として得られる密度である．

アルキメデス法

アルキメデス法は液体中の固体が同体積の液体の重量と同じだけ浮力を受けること（アルキメデスの原理）を用いて試料の密度を求める方法である．

1.　体積の決まった容器を用いる ＝ ピクノメータ．
2.　容器に試料を入れる．
3.　その上から水を加える．
4.　後から加えた水の体積を求める．
5.　容器の体積から後から加えた水の体積を引く．
6.　得られた体積が試料の体積となる．

2　実　験

2.1　試料および実験器具・装置

(1)　本焼

素焼した作品，釉薬，電気炉

(2)　密度測定

ピクノメータ，純水，エタノール，素焼試料棒，キムワイプ，上皿天秤，ビーカー，ドライヤー

2.2 実験操作

【実験課題—1】 制作した作品の本焼

1. 仮焼（素焼）した試料を観察して，粘土と状態を比較する．観察結果をリザルトシートに記入する．この時，担当教員の指示に従い，焼成後の作品の一番長い箇所の長さと重さを測定する．

焼成前の作品について

一番長い箇所の長さ [cm]		重さ [g]	

2. 指定された量の釉薬を計量カップに入れる．
3. 前回仮焼した作品を，釉薬に数秒間浸す．このとき，作品の底面と，底部から 15 mm までの部分には釉薬を付けないようにする（作品の厚み 15 mm 未満の場合は，担当教員または TA に指示を仰ぐ）．
4. 実験机にキムタオルを敷き，釉薬をかけた作品をその上に置く．
5. 余分な水分が蒸発して手で持てる程度までそのまま自然乾燥させる．
6. 釉薬をかけた作品を電気炉で本焼き（1200 °C 程度）する．

図 7 準備される釉薬の一例と本焼きの様子

【実験課題—2】 素焼棒の密度測定

(1) ピクノメータの容積測定

1. ピクノメータを純水で洗浄した後，少量のエタノールで数回洗い，ドライヤーの冷風をあてて乾燥させる．
2. 乾燥させたピクノメータの質量を量る．これが「ピクノメータ本体の質量」である．
3. 乾燥させたピクノメータに純水を入れる．
4. 純水の入ったピクノメータの質量を量る．
5. (1)-4 の質量から「ピクノメータ本体の質量」を差し引くことにより，ピクノメータに入れた純水の質量を求める．

6.　求めた水の質量と水の密度（1.0 g/cm^3 とする）から，ピクノメータに入れた水の体積（これが「ピクノメータの内容積」）が求まる．
7.　ピクノメータをもう1度乾燥させておく．

※ピクノメータの注意

ピクノメータのボトル（首）とフタの部分に，番号が印刷（焼き付け）されている場合は，番号の一致するボトルとフタを使用する．

$\overline{\$}$ マークのついたピクノメータは規格品である．$\overline{\$}$ マークのついたボトルとフタ同士なら，どのように組み合わせてもよい．ただし，重さはすべて異なるので途中で取り違えないようにする．

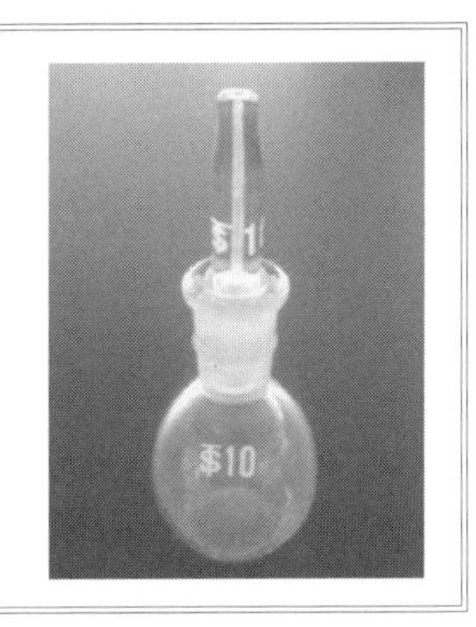

(2)　素焼試料棒の空隙の体積

1.　素焼試料棒を 5〜10 mm くらいの長さに分割し，これを測定試料とする．

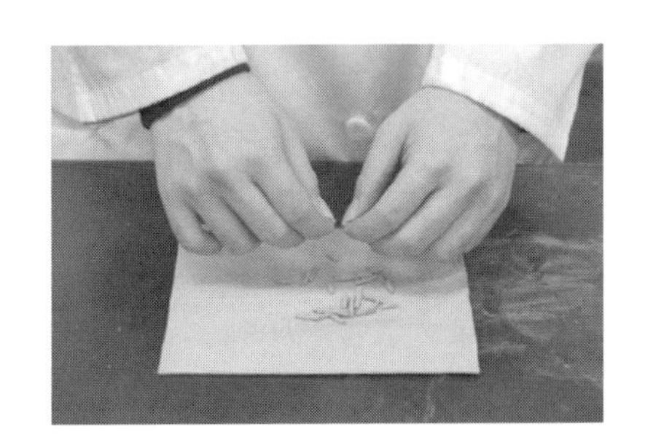

2.　ピクノメータに測定試料（非常に細かい破片は避けること）を8分目ほど詰めて，化学天秤で質量を量る．この質量から「ピクノメータ本体の質量」を差し引いたものが，「測定試料の乾燥質量」である．

3.　ピクノメータに詰めた測定試料をすべて薬包紙上に取り出し，純水を入れたビーカーに移して5分間放置する．

4. ビーカーから測定試料をキムワイプ上に取り出し，測定試料表面の水分を軽く拭き取ってから天秤で質量を量る．これが「水を含んだ測定試料の質量」である．

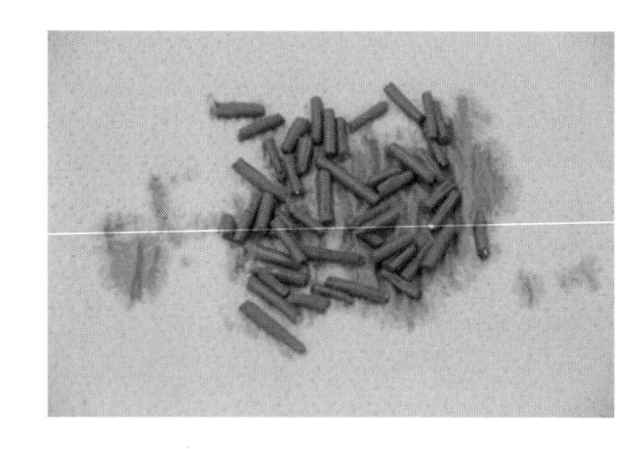

5. (2)-4 の質量から「測定試料の乾燥質量」を差し引けば，測定試料の空隙に入り込んだ水の質量がわかる．
6. (2)-5 で求めた質量と水の密度 (1.0 g/cm^3) から，「測定試料の空隙の体積」が求まる．

(3) 素焼試料棒のかさ密度・真の密度

1. 水を含んだ測定試料をピクノメータに入れ，素焼き棒がすべて浸るように純水を入れる．
2. ピクノメータにフタをして静かに振って，気泡を追い出す．
3. 気泡を十分に追い出したら，ピクノメータに純水を追加し，フタを閉める．
4. このときのピクノメータの質量を量る．
5. (3)-4 の質量から，「ピクノメータ本体の質量」と，「水を含んだ測定試料の質量」を差し引いたものが，ここでの操作で加えた水の質量である．
6. (3)-5 で求めた水の質量と水の密度から，ここでの操作で加えた水の体積を求める．
7. ピクノメータの体積から (3)-6 の体積を差し引いて，「測定試料のみかけ体積」を求める．
8. 「測定試料の乾燥質量」と「測定試料のみかけ体積」からかさ密度を求める．
9. 「測定試料の乾燥質量」と「測定試料を構成する物質の体積 (「測定試料のみかけ体積」から，「測定試料の空隙の体積」を差し引いたもの)」から，真の密度が求まる．
10. 実験に用いたピクノメータを純水，エタノールで洗浄し，乾燥させ片付ける．

※ピクノメータの使い方

ピクノメータを化学天秤で秤量する際，水がピクノメータのフタの細孔まで一杯に入っており，メニスカス (液体の湾曲平面) が図 8 のちょうどよい位置にある状態で行う．水温の上昇を防ぐためピクノメータを持つ場合には，首の部分を紙で持つようにする．気泡が残っておらず，また，摺り合わせ部分に水が付着していないことを確認する．

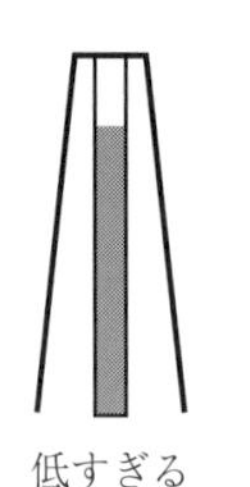

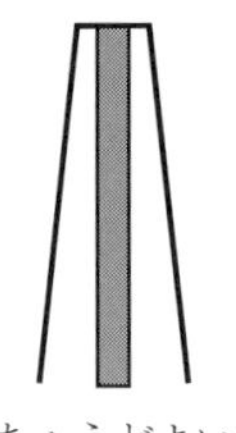

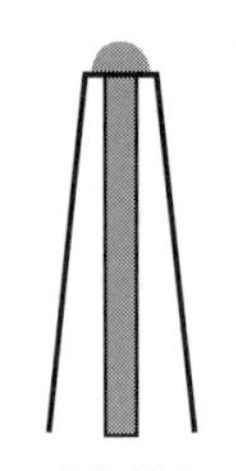

図 8 ピクノメータのフタとメニスカスの位置

【素焼棒の密度測定用ワークシート】

(1) ピクノメータの体積測定

ピクノメータを純水で洗浄した後，少量のエタノールで数回洗い，ドライヤーの冷風をあてて乾燥させる．

① 乾燥させたピクノメータの質量：m_{p} ＿＿＿＿＿＿＿＿

ピクノメータに純水を入れる

② ピクノメータ＋純水の質量：$m_{\mathrm{p}}+m_{\mathrm{w}}$ ＿＿＿＿＿＿＿＿

③ ②−① = ピクノメータ中の純水の質量 ＿＿＿＿＿＿＿＿

$(m_{\mathrm{p}}+m_{\mathrm{w}})-m_{\mathrm{p}}=m_{\mathrm{w}}$

④ ③より純水の体積 = ピクノメータの内容積 ＿＿＿＿＿＿＿＿

$m_{\mathrm{w}}/(1.0\ \mathrm{g/cm^3})=(m_{\mathrm{w}}/\mathrm{g})\ \mathrm{cm^3}$)　※水の密度 $1.0\ \mathrm{g/cm^3}$

純水を捨てた後，ピクノメータを少量のエタノールで数回洗い，ドライヤーの冷風をあてて乾燥させる．

(2) 素焼試料棒の空隙の体積測定

乾燥したピクノメータに測定試料を8分目ほど詰める．

⑤ ピクノメータ＋素焼棒の質量：$m_{\mathrm{p}}+m_{\mathrm{c}}$ ＿＿＿＿＿＿＿＿

⑥ ⑤−① = 乾燥した素焼棒の質量 ＿＿＿＿＿＿＿＿

$(m_{\mathrm{p}}+m_{\mathrm{c}})-m_{\mathrm{p}}=m_{\mathrm{c}}$

ピクノメータ中の素焼棒を純水が入っているビーカーに移して，5分間放置する．素焼棒をキムタオル上に取り出し，水分をふき取る．

⑦ 水を含んだ素焼棒の質量：$m_{\mathrm{c}}+m_{\mathrm{cw}}$ ＿＿＿＿＿＿＿＿

⑧ ⑦−⑥ = 中に入り込んだ純水の質量 ＿＿＿＿＿＿＿＿

$(m_{\mathrm{c}}+m_{\mathrm{cw}})-m_{\mathrm{c}}=m_{\mathrm{cw}}$

⑨ ⑧より素焼棒の空隙に入り込んだ水の質量 = 素焼棒の空隙の体積 ＿＿＿＿＿＿＿＿

$m_{\mathrm{cw}}/(1.0\ \mathrm{g/cm^3})=(m_{\mathrm{cw}}/\mathrm{g})\ \mathrm{cm^3}$　※水の密度 $1.0\ \mathrm{g/cm^3}$

(3) 素焼試料棒の空隙の体積およびかさ密度測定

ピクノメータ中に素焼棒と純水を入れて，素焼棒内の空気を抜く．空気が抜けたことを確認して，さらに純水を加える．

⑩ ピクノメータ＋水を含んだ素焼棒＋純水の質量 ＿＿＿＿＿＿＿＿

$m_{\mathrm{p}}+(m_{\mathrm{c}}+m_{\mathrm{cw}})+m_{\mathrm{adw}}$

⑪ ⑩−(⑦＋①) = 加えた純水の質量 ＿＿＿＿＿＿＿＿

$\{m_{\mathrm{p}}+(m_{\mathrm{c}}+m_{\mathrm{cw}})+m_{\mathrm{adw}}\}-\{(m_{\mathrm{c}}+m_{\mathrm{cw}})+m_{\mathrm{p}}\}=m_{\mathrm{adw}}$

⑫　⑪より加えた純水の質量＝加えた純水の体積

$m_{\mathrm{adw}}/(1.0\ \mathrm{g/cm^3}) = (m_{\mathrm{adw}}/\mathrm{g})\ \mathrm{cm^3}$）　※水の密度　1.0 g/cm^3

⑬　④－⑫＝素焼棒のみかけの体積

$(m_{\mathrm{w}}/\mathrm{g})\ \mathrm{cm^3} - (m_{\mathrm{adw}}/\mathrm{g})\ \mathrm{cm^3} = \{(m_{\mathrm{w}} - m_{\mathrm{adw}})/\mathrm{g}\}\ \mathrm{cm^3}$

⑭　素焼棒の見かけの密度（かさ密度）＝⑥/⑬

$\{m_{\mathrm{c}}/(m_{\mathrm{w}} - m_{\mathrm{adw}})/\mathrm{g}\}\ \mathrm{g/cm^3}$

⑮　⑬－⑨＝素焼棒の真の体積

$\{(m_{\mathrm{w}} - m_{\mathrm{adw}})/\mathrm{g}\}\ \mathrm{cm^3} - (m_{\mathrm{cw}}/\mathrm{g})\ \mathrm{cm^3} = \{(m_{\mathrm{w}} - m_{\mathrm{adw}} - m_{\mathrm{cw}})/\mathrm{g}\}\ \mathrm{cm^3}$

⑯　素焼棒の真の密度＝⑥/⑮

$[m_{\mathrm{c}}/\{(m_{\mathrm{w}} - m_{\mathrm{adw}} - m_{\mathrm{cw}})/\mathrm{g}\}]\ \mathrm{cm^3} = \{m_{\mathrm{c}}/(m_{\mathrm{w}} - m_{\mathrm{adw}} - m_{\mathrm{cw}})\}\ \mathrm{g/cm^3}$

実験ノート　（実験メモとして自由に使ってください）

基礎化学実験 1　リザルトシート　課題 3B

実験日：　　　年　　　月　　　日（　　曜日）

　　年　　　組　　　番（混合クラス　　組）

実験者氏名：

基礎化学実験 1／D307	
月　　　日	サイン

【実験課題—1】制作した作品の本焼

1. 粘土と素焼した作品を観察して，その違いを比較しなさい.

2. 仮焼きと本焼き，2 回の焼成プロセスを使い分けるのはなぜか？

【実験課題—2】素焼棒の密度測定

1. かさ密度と真の密度の意味を，図を用いて説明しなさい.

2. それぞれの数値を記入しなさい（空気は無視する，ピクノメータの体積 = 内容積）.

	ピクノメータ	ピクノメータ ＋乾燥素焼棒	乾燥素焼棒	含水素焼棒	空隙中純水 = 素焼棒空隙	ピクノメータ ＋含水素焼棒 ＋純水
質量						
体積						

3. 実際に測定したかさ密度と真の密度を書き，それについて考察せよ.

かさ密度		考察
真の密度		

4. 実験を通しての感想

『化学製品最前線』

―クリスタルガラス―

ワイングラスによく用いられる一般的なクリスタルガラスは，二酸化ケイ素 SiO_2，酸化カリウム K_2O，酸化ナトリウム Na_2O に酸化鉛 PbO を添加した鉛ガラスの一種である．鉛ガラスは，屈折率が高く，クリスタルのような輝きをもつためクリスタルガラスとよばれている．ここでのクリスタルは，結晶（クリスタル）ではない．ガラスや陶磁器など，非金属の無機物を高温で焼き固めた「固体材料」をセラミックスとよぶ．

『化学の基礎』

「セラミックスとは？」

焼き物専用のさまざまな焼成窯が考案されると，生産性の向上とともに，より高温での焼成ができるようになった．焼成温度を 1200 °C 前後まで上げられるようになると，現在「陶器」とよんでいるものが作られるようになった．土器よりも生地が薄くて強度があるが，その生地は吸湿性が残ったままであるので，一般的には表面に釉薬がかけられている．日本においても古くから広く作られており，たとえば益子焼や織部焼，志野焼，唐津焼，萩焼，薩摩焼など，枚挙に暇がない．

さらに高温が得られるようになると，「磁器」が作られるようになった．磁器は，焼成に 1300 °C の高温が必要であり，紀元後 1 世紀頃に中国（China）で発明された．このことに由来して，すべて小文字で記した“china”が，磁器を意味するのである．日本で磁器が作られるようになったのは江戸時代初期になってからで，有田で原料の陶石が発見されてからである．磁器は陶器に比べ，生地が薄くて硬く，色がより白い．陶器を叩くと鈍い音がする一方で，磁器では金属的な響きをもった音がでる．また，磁器の生地には吸水性がほとんどない．

現在では，科学技術の進歩によって 2000 °C を超える高温さえ得られるようになった．それにより，さまざまな無機化合物の混合物である天然の粘土に代えて，たとえば酸化アルミニウムなど，精製あるいは人工的に合成した純粋な原料を用いた“焼き物”が作られるようになった．これらは，最近新しい照明用電球として注目されている LED の基板や，パソコンなどに使われている CPU のパッケージや基板，自動車の排ガス浄化触媒，ハイブリッド自動車の電池材料など，身近なハイテク機器になくてはならない材料となっている．

「陶器はなぜ形を作ってから焼くのか？」

一般的にプラスチックやポリマーなどの有機材料では，物質の合成と材料の作製とを特に区別する必要はない（プラスチックなど汎用の有機材料を取り扱う際には，物質の合成こそが最大の難題・関心事であり，その形状付与を強く意識する必要はあまりない）．たとえば，熱硬化性樹脂を除く有機材料は比較的低温で融解するので，成形が非常に容易であり，物質の合成さえできればそれが即材料となるからである（つまり，かなり成形しやすい材料と言えるだろう．それに比して，目的の機能をもつ物質を合成することには，多くの労力を費やすことになるのが通例と言ってよい）．熱硬化性樹脂のように，あらかじめ形を作らなければならないものであっても，せいぜい 200 ℃以下の低温で形を保って反応させればよいので，それほど問題になるようなことはない．

他方，金属の場合，たとえば「砂金」について考えてみよう．ふつうの砂金は，その名の通り砂粒状の金なので，そのままでは製品とはいえない．しかし，叩いてのばしたり，1000 ℃程度で溶解して型に入れたりすれば，必要な形をもった金の製品になる．もっと精密な形が必要でも，切ったり削ったりの機械的な加工が容易にできる（イリジウムのように，高融点で硬く，機械的な加工が困難な金属も例外的に存在し，そのようなものの加工品は，非常に高価である）．したがって，金属の場合も，原料物質そのものを手に入れることが重要であり，成形は比較的容易である．

それでは，一般的な非金属無機材料の場合はどうだろうか．現在の科学技術をもってしても，鑑賞に堪える大きさの透明な「ダイヤモンド」を作ることはできていない．現時点でも「ダイヤモンドの微粒子」の合成は可能であるものの，「砂金」の例に倣って，「ダイヤモンドの微粒子」から「ダイヤモンド」を作ればよい，というわけにはいかない．このように，本課題が取り扱おうとしているセラミックスのような無機材料の場合，原料物質の合成そのものより，その形状付与の方が難しいことが一般的である．たとえば，土器を例に考えてみよう．土器を構成する物質だけを考えれば，粘土を焼き固めるだけで，確かに“合成する”ことはできる．しかし，単に作っただけでは，壷にも皿にもならず，役に立たない．目的に応じた大きさや形を与えてこそ，製品として機能するのである．では，金属や熱可塑性樹脂と同じように，後から加工しやすいかと言えば，まったくそうではない．焼き物は，あらかじめ成形してから焼くべきものであり，焼成後に形を整えることには大きな困難を伴う．したがって，現代のセラミックス材料の製造においても，固相反応法を利用した粉体の合成，それに続く粉体の成形，そしてそれを固定する焼結という多段階のプロセスを経ることが多い．

基礎化学実験 2

実験課題 1　電気と化学反応エネルギー

1A．水の電気分解と水素燃料電池
　　～水素燃料電池の発見までの過程を学ぶ～

1B．色素増感太陽電池とシリコン太陽電池
　　～色素増感太陽電池を作製し，実用化されているシリコン電池と比較する～

課題1A　水の電気分解と水素燃料電池

1　はじめに

基礎化学実験1では，ボルタの電池について学んだ．本課題で学習する水の電気分解実験は，ボルタの電池から数十年後に見いだされたものである．この時期には，電気に対する知識が蓄積され，ファラデーの法則で有名な電気分解の法則も発見された．このような時代背景の中で，水の電気分解と水素燃料電池の発明は，イギリスのグローブ（W. Grove）卿によってなされた．グローブ卿は白金電極を用いた水の電気分解を行い，発生した水素と酸素を筒の中に集めていた．この実験終了後に電流が流れていることに気づいたとのことである．これが水素燃料電池の発見と言われている．

課題1Aでは，実験を2通りの方法で行う．初めの実験は2組のニッケル電極を用いて，炭酸ナトリウム水溶液を電解溶液として用いる水の電気分解の実験である．この実験は一般的なもので理科の展示実験としても広く行われている．2番目の実験は，2組の白金系触媒と触媒間の電解質として固体高分子材料をサンドイッチとして用いている水素燃料電池の実験である．これらの実験を通じて電解質が水溶液と固体の違いを理解してほしい．

水の電気分解と水素燃料電池の一般的な反応式は以下の通りである．

$$2H_2O \longrightarrow 2H_2 + O_2 \quad ①$$

$$2H_2 + O_2 \longrightarrow 2H_2O \quad ②$$

電気分解における化学反応は条件によって異なる．

【実験課題—1】水の電気分解実験

2　水の電気分解と燃料電池

燃料電池の発明は，約180年前の1839年にイギリスのグローブ卿が行った電池の実験がはじまりとされている．グローブ卿が行った電池の実験は，「水の電気分解」の逆である．電気分解の実験では，H字型の管に液体を入れ，2本の電極を挿入する．正極と負極に電気を流すと，それぞれに酸素と水素が発生する．そこで，水素と酸素を反応させることで，電気を取り出せるだろうというのが発想となる．

この電池を放電すると，負極では，

$$H_2 \longrightarrow 2H^+ + 2e^-$$

正極では，

$$\frac{1}{2}O_2 + 2H^+ + 2e^- \longrightarrow H_2O$$

の反応が進む．全体として電池の中では反応式②の反応となり，外部回路に電気エネルギーが得られる．この電池を「グローブ電池（Grove cell）」とよび，現在の燃料電池と本質的には同じ反応となる．ここでは，「水の電気分解」について習得する．

2.1　試薬と実験器具

(1)　電解溶液

純水は抵抗が大きいため，希アルカリ溶液（0.1 mol-Na_2CO_3）を用いる．

(2)　実験器具

H 型反応管（電気分解用の反応管で H の形をしていることから H 管とよばれる），直流電源装置，クリップ，電圧計，ロート，H 管の保持台，ストップウォッチ

危険防止のための注意

(1)　電解質溶液は希アルカリ溶液（0.1 mol/L：炭酸ナトリウム）であるので保護メガネを必ず着用する．電解溶液が目に入った場合には洗眼器で十分に水洗いする．

(2)　実験には電解質溶液を用いるため，漏電や感電の危険性がある．このために，電圧の上限値の設定などの安全対策が必要となるので，実験での注意事項は厳守する．

2.2　電気分解装置の組み立て

実験は 2 人 1 組で実施する．電気分解装置は図 1 のように組み立てる．H 管の上部にはガラス管とシリコンゴム栓付きの二重シリコン栓を取り付ける．下部の二重シリコン栓にはニッケル電極が取り付けてある．電解液は，ロートからゆっくりと入れ，反応管上部のシリコン管に電解液が達したら，シリコン管を折り曲げてピンチコックで止める．装置の転倒を防止するため，この作業は 2 人が協力して行う．H 管装置下部のニッケル電極に電源を接続し電気分解実験を行う．

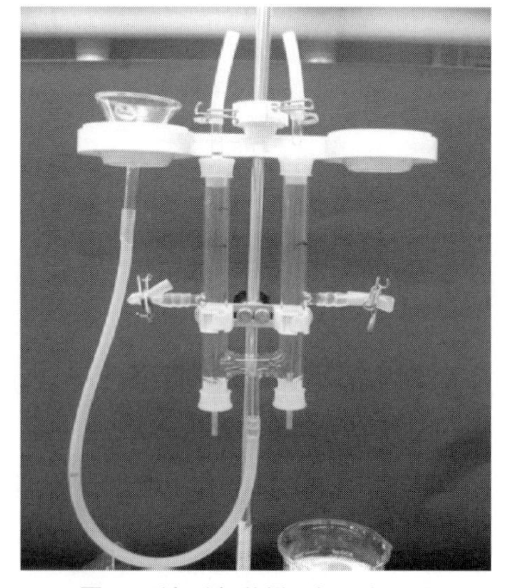

図 1　電気分解装置の組み立て図

【注意事項】

(1)　H 管の実験を開始する前に，シリコン栓がしっかりと入っていることを確認する．必要ならば，パラフィルムを用いて密閉する．

(2)　安全の確保の観点から，保護メガネの着用と電解溶液の注入，取り出しなどの作業時は必ず立って作業を行う．

2.3　直流電源装置の設定

電源装置は定電流装置として使用する．また，本実験では電解液を用いるため，手に付いた電解液による感電防止のため，電圧は 24.0 V に上限設定し電流値が 0.05 A を保つようにする（図2）．ただし，電流値の設定については教員の指示に従う．

図 2　電源装置正面図

【注意事項】

(1)　直流電源装置の設定

①　装置の on/off → off

②　赤ボタンの確認 → off（試しに押して出っ張り具合で off を確認）

③　電極と電源を赤，黒線で結線

(2)　実験開始前に，ロートの液面を確認

ロートの 2/3 以上に電解液がある場合にはガスの発生とともに液面が上昇し，上からこぼれる可能性が大きい．また，上部のピンチコックの閉め方が甘いとガスが抜けて溜まらない．

→ 要チェック

(3)　第 2 回目の実験前のガス抜き

第 2 回目のガス抜きにあたっては，両手を使い，まず左手でガス管を押さえ，その後にピンチコックをはずし，ゆっくりとガス抜きをする．

2.4　水の電気分解

電気分解時の電流値は，1 回目 ＝ 0.05 A，2 回目 ＝ 0.05 A（ただし，時間のゆとりがある場合に限る）とし，実験時間は 15 分間とする．気体の体積は「物差しによる長さ」として計測し，**リザルトシート**に 600 秒後，900 秒後の計測値を記入する．体積は長さの短い方を「1.0」とした場合に長い方の長さの比に換算し，**リザルトシート**に記入する．この計算はだいたいの傾向を観察するためで小数点以下 1 桁の概算とする．反応式 ① は水 1 mol から気体の水素が 2 mol，酸素が 1 mol 発生したことを示しているが，発生した気体はそれぞれ若干水に溶けるため必ずしも 2.0 対 1.0 になるとは限らない．

2.5　実験の片付け

電解液の回収は，ロートの高さまでビーカーを近づけ，ロートをビーカーに入れた状態でビーカーを下げながらビーカー中に電解液を入れるようにして回収する．電源装置と H 管の接続部分を外して，電解液の全量をビーカー中に回収する．回収した電解液は教卓台の電解液回収タンクへ入れる．H 管は水道水による洗浄と純水による洗浄を行い，キムタオルで余分な水分を拭き取って，元通りに組み立て直してから所定の位置に戻す．電源装置は引き続き使用する．

【実験課題—2】固体高分子型燃料電池の組み立てと使用

3　固体高分子形燃料電池

固体高分子型電池では電解液の代わりにイオン伝導性のある高分子膜を用い，白金系触媒による電気分解と水素燃料電池の実験を行う．本実験に用いる固体高分子形燃料電池はリバーシブルタイプであり，水素燃料電池としての水の電気分解とともにその逆反応が可能である．水の電気分解は水の電気分解と同じく直流電源装置を用いる．

3.1　実験器具

直流電源装置，ワニ口（グチ）ケーブル（2 本），リバーシブル燃料電池，水素タンク，酸素タンク，注射器，プロペラ，ピペッター，ストップウォッチ

3.2　リバーシブル水素燃料電池装置の組み立て

リバーシブル水素燃料電池装置を組み立てる（図 3）．装置の稼働にあたっては，固体高分子分子膜と電極内部の空気を追い出し，純水を入れる必要がある．残存空気が残ると窒素が存在することになり，発電効率が低下する．このために，水素および酸素タンクの 20 mL ラインまで純水を入れ，電極側の短いシリコン栓に注射器を接続し，空気抜きとともにタンク側からの水を引き込む．この操作は，水素側と酸素側の両方で行う．この操作により水素および酸素タンク中の

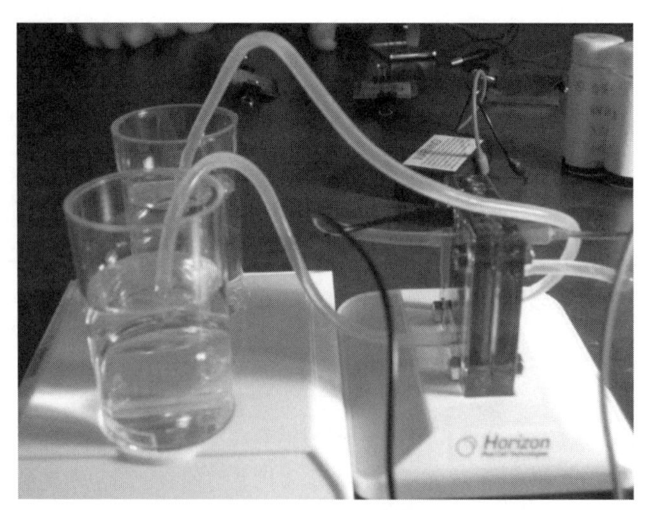

図 3　リバーシブル水素燃料電池の外観

水が減少するので，操作終了後にタンクの「0.0 mL」ラインまで水を入れる．燃料電池の空気抜きと水の充填作業が終了したら，水漏れの防止を目的に，酸素側は赤栓を水素側は黒栓をきっちりとはめる．

【リザルトシート】

(1)　電気分解の開始

電圧上限 = 3.0 V，電流値 = 0.20 A に直流電圧装置を設定後，赤ボタンで通電，電気分解を開始し，時刻を記録（秒）する．

(2)　発生気体量の測定

気体タンクの目盛位置 = 0.0 目盛を原点として，そこからの上昇した分を目盛として記録する．水素タンクの目盛が 12 に達したら電源の赤ボタンを押して電源を off にして，その時刻を記録（秒単位で記録）する．

3.4　水素燃料電池の使用

水の電気分解が終了したら直流電源装置側のワニ口ケーブルを取り外し燃料電池との接続を解除する．取り外したワニ口ケーブルは付属品のプロペラと接続する．

【リザルトシート】

(1)　プロペラの回転時間と気体の減少量の測定

ワニ口クリップで燃料電池とプロペラを接続し，接続時間を記録（秒単位）する．

(2)　気体の減少量の確認

減少量が電気分解と同様に比例関係にあるかどうかの記録・確認を行う．

3.5　実験終了後の片付けとリザルトシートの提出

すべての実験が終了したら，水素タンク，酸素タンクなどの水を捨てて，キムタオル上で軽く水切りをする．プロペラなどの部品も含めて水素燃料電池専用の収納箱に丁寧にしまい，TA の点検を受ける．実験台の上は必ず雑巾掛けする．リザルトシートを提出し，提出印をもらう．

実験ノート　（実験メモとして自由に使ってください）

基礎化学実験 2　リザルトシート　課題 1A

実験日：　　　年　　月　　日（　曜日）

　　年　　組　　番（混合クラス　　組）

実験者氏名：

基礎化学実験 2／D308	
月　　日	サイン

【実験課題—1】水の電気分解実験

直流電源装置の設定

	設定値		実験値	
	1 回目	2 回目	1 回目	2 回目
電流［A］				
電圧［V］				

水の電気分解による気体発生量の測定結果

	電流値［A］*	経過時間	実測時間**［sec］	水素発生量［cm］	酸素発生量［cm］	水素/酸素の比
1 回目	0.05 or 0.1	600 秒後				/1.0
		900 秒後				/1.0
2 回目	0.05 or 0.1	600 秒後				/1.0
		900 秒後				/1.0

電流値［A］*：設定値については教員の指示に従うこと．

実測時間**：経過時間の実測値を記入する．

水の電気分解のまとめ（15 分後の水素および酸素発生量と反応式を比較する）

	水素発生量［cm］	酸素発生量［cm］
1 回目		
2 回目		
1 回目/2 回目*	/1.0	/1.0

1 回目/2 回目*：2 回目の気体発生量を 1.0 として，1 回目の割合を小数点以下第 1 位まで計算する．

【実験課題—2】固体高分子型燃料電池の組み立てと使用

直流電源装置の設定

	設定値
電流［A］	
電圧［V］	

水の電気分解による発生気体量の測定

到達時間*：液面を 0.0 目盛りに合わせ，12 目盛りまで液面が上昇する時間を計測する．

	到達時間 ［s］	水素ガス量 ［目盛］	酸素ガス量 ［目盛］	水素/酸素の発生量比*
1 回目 （0 → 12 目盛）				/1.0
2 回目 （0 → 12 目盛）				/1.0

水素/酸素の発生比*：酸素ガス量の目盛りを 1.0 とした場合の水素ガスのガス量比を計算する．

プロペラの回転時間と気体の減少量の測定

	気体タンク 目盛り	経過時間 ［s］	水素ガス量 ［目盛］	酸素ガス量 ［目盛］	水素/酸素の ガス量比
1 回目	10 目盛*				/1.0
	プロペラ停止時				/1.0
2 回目	10 目盛*				/1.0
	プロペラ停止時				/1.0

10 目盛*：目盛の数値については教員の指示に従うこと．

固体高分子形燃料電池のまとめ（気体の減少量について考えてみる）

課題 1B　色素増感太陽電池とシリコン太陽電池

1　はじめに

太陽電池は，太陽光エネルギーを直接電気エネルギーに転換するデバイスである．シリコン太陽電池はすでに実用化されている太陽電池であるが，その製造コストなどに問題がある．それに対して色素増感太陽電池は，まだ研究段階ではあるが低価格での製造が期待されている太陽電池である．この課題では研究の最先端の段階にある色素増感太陽電池と実用化されているシリコン太陽電池の 2 種類を取り扱う．

太陽光には，大きく分けて，紫外光・可視光・赤外光の 3 種類がある（図 1）．これらをいかに効率よく利用するかが太陽電池を構築する上でのポイントの 1 つである．

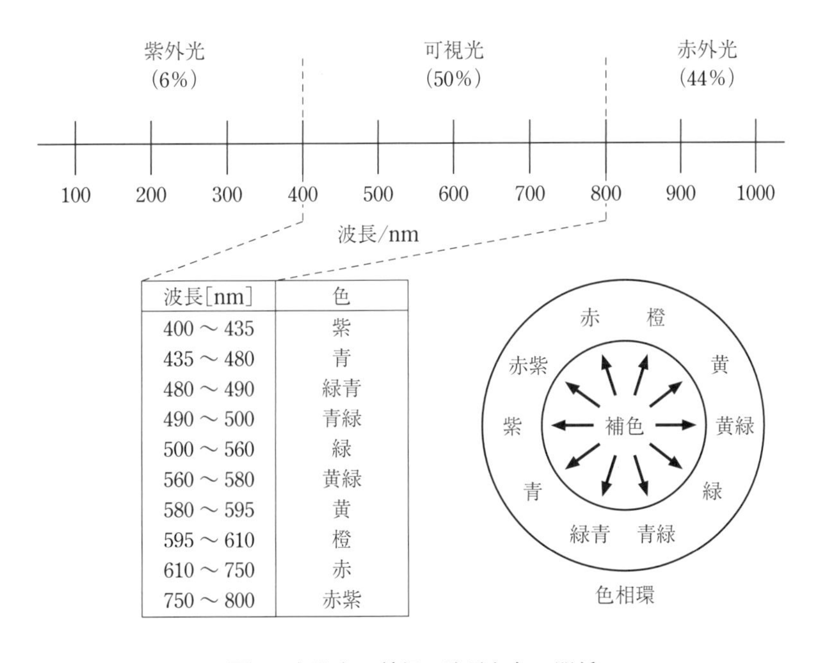

波長[nm]	色
400 ～ 435	紫
435 ～ 480	青
480 ～ 490	緑青
490 ～ 500	青緑
500 ～ 560	緑
560 ～ 580	黄緑
580 ～ 595	黄
595 ～ 610	橙
610 ～ 750	赤
750 ～ 800	赤紫

図 1　太陽光の種類・波長と色の関係

2　色素増感太陽電池の原理と基本構造

二酸化チタンに光があたると，伝導帯に電子（e^-）が，価電子帯に正孔（⊕）が生じる．伝導体の電子が負極に移動し，電流が流れる．ただし，二酸化チタンは，紫外光（太陽光の約 6 %）しか吸収しない．そこで，可視光（太陽光の約 50 %）を有効に利用するために，二酸化チタンの表面に色素を固定して太陽光エネルギーの変換効率を増大（増感）させる．このタイプの太陽電池は「色素増感」太陽電池とよばれる．

この課題で組み立てる色素増感太陽電池は，グレッツェル・セルと呼ばれる湿式太陽電池である．その基本構造は，図2に示したように，負極に二酸化チタン膜を，正極には黒鉛を塗布した電極を使用し，その間には電解質（ヨウ素とヨウ化物塩の混合物）溶液をはさみ込んだ構造となる．

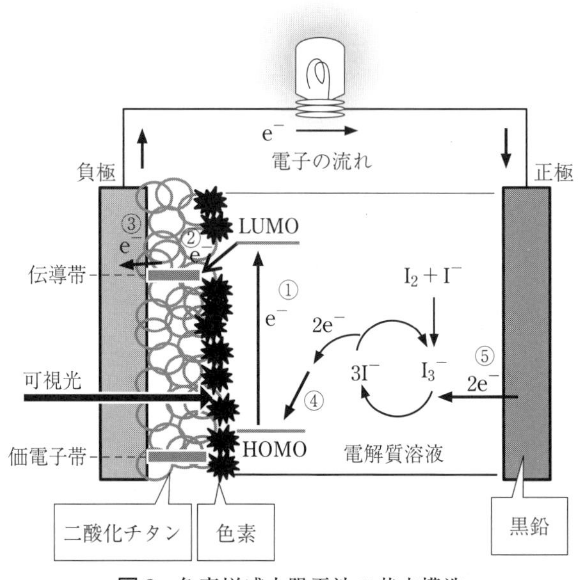

図2　色素増感太陽電池の基本構造

色素増感太陽電池は下記のようにして機能する．

①　色素が光（可視光）を吸収し，電子が励起する（最高被占有軌道（HOMO）から最底空分子軌道（LUMO）に電子が移動する）．

②　励起した電子はすぐに色素から二酸化チタンの伝導帯へ移動する．

③　二酸化チタンの伝導体に移動した電子は，電極（負極）へ移動する．

④　電子を失った酸化型の色素は，電解質中の還元剤（$3I^-$）から電子を受け取り，元の還元型へ回復する．

⑤　電子を失った電解質中の電荷輸送担体の還元状態（I_3^-）は対電極（正極）から再び電子を受け取ることにより元の酸化状態（還元剤，$3I^-$）に回復する．

ちなみにこの色素増感太陽電池のシステムで二酸化チタンがないと，色素で発生した励起状態の電子（LUMOにある電子）が電極に移動する前に熱的に失活して基底状態（HOMO）へ戻るため電池として機能しない．

今回用いている色素は本学理工学部の研究グループが合成した安価で高感度な色素化合物（ルテニウム錯体）であり，およそ350～700 nm（λ_{max} = ca. 550，450 nm）の広い範囲の光を吸収する．色素化合物は，高い変換効率を求めなければ，さまざまな色の化合物を用意することが可能である．また，本実験で用いる二酸化チタンは白色の粉末をペースト状にしたものであるが，薄膜にすると無色透明になる．したがって，2組の電極材料を透明な電気伝導性フィルムで構成すれば，色彩豊かな太陽電池を作成することも可能となる．つまり，この色素増感太陽電池は，比較的安価で，インテリアとしても使用可能な次世代型太陽電池となる可能性を秘めている．

3　試薬と実験器具

電圧計×1台，導電性プラスチックフィルム［ポリエチレンナフタレート（PEN)—フィルム］×1枚，ステンレス板×1枚，ケーブル（赤・黒）×各1本，ガラス（ラフロン）棒×1本，点眼ビン×3本（① 白色の二酸化チタンペースト，② 赤紫色の色素化合物溶液，③ 橙色のヨウ素電解質溶液），黒鉛ペースト×1個，クリップ×2つ，台紙×1枚，単三電池×1本，ピンセット×1本，セロハンテープ，ビニールテープ，ホットプレート×4班で1台，オルゴール，ハロゲンランプ（可視～赤外光）×4班で1台，500 ml ビーカー×1つ，エタノール（洗瓶）×1本

※点眼ビンの中の溶液は，手に付かないように注意する．手に付いたらすぐに水で洗い流す．

4　実　験

【実験課題—1】色素増感太陽電池の作製

(1)　負極の準備：導電性プラスチックフイルム（PEN-フィルム）は，片面のみが導電性である．どちらが導電性面か確認する．

1-1　電圧計に赤（+）と黒（−，2.5 V）のケーブルをつなげる．

1-2　台紙に PEN-フィルムを置き，フィルムに赤色ケーブルのクリップをつなぐ．

1-3　PEN-フィルムに電池の正極を押しつけ，電池の負極に黒色のケーブルを接触させる．針が振れた場合，PEN-フィルムの表面が導電性面である．

1-4　PEN-フィルムを裏返し同じ操作をする．

1-5　フィルムからケーブルを外し，導電性面を上にして台紙に置く．

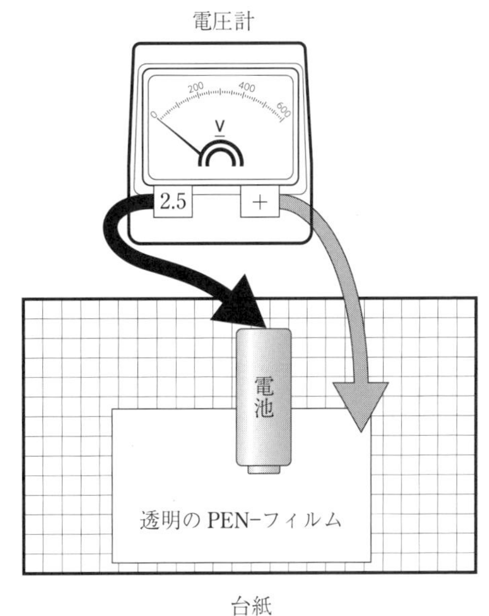

(2)　**PEN-フィルムの長い辺一辺にセロハンテープを貼る（マスキングのため）.**

セロハンテープは，少し（幅の 1/3〜1/4 程度）フィルムからはみ出るくらいの長さで，フィルムを台紙に固定するように貼る.

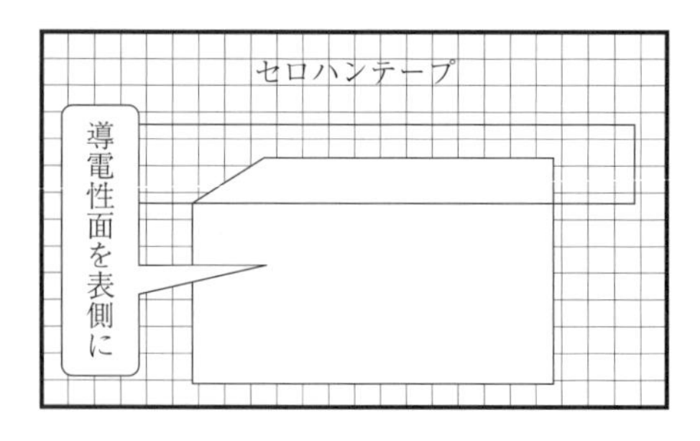

(3)　**PEN-フィルムの上の両側の短い辺にもセロハンテープを 2 枚重ねて貼る.**

先ほどと同様に，少しフィルムからはみ出るくらいの長さで，フィルムを台紙に固定するように二枚重ねて貼る．この縦横のセロテープ 1 枚分の厚みの差を利用し，二酸化チタンの膜を形成する.

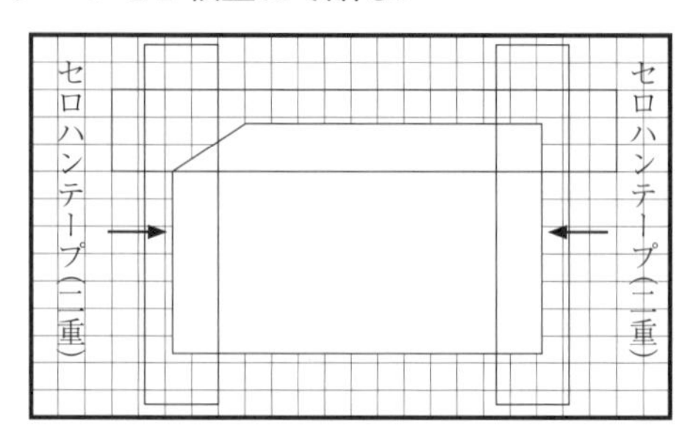

(4)　**二酸化チタンペーストの準備：以下の手順で二酸化チタン粒子を分散させる.**

4-1　二酸化チタンペーストの点眼ビンの蓋が閉まっていることを確認し，10 回以上振る.

4-2　点眼ビンを超音波洗浄機中に 2〜3 分間漬けて中身をよく分散させる.

※この操作をきちんとやらないと二酸化チタンがうまく膜にならない（電池ができない）.

※二酸化チタンの準備中にホットプレートを 100 °C に設定して温めておく.

(5)　**二酸化チタンペーストを PEN-フィルムの上に膜状に延ばす.**

5-1　二酸化チタンペーストを，長いセロテープの上に載せる.

5-2　鉛筆などを使って，二酸化チタンペーストを広げる.

※この二酸化チタンの膜が電池の性能に効いてくる．1 度目は「まだら」になっても問題はないが，教員か TA に確認してもらった後に，実験を進める.

※この二酸化チタンを塗る-乾燥の操作（操作 (5)，(6)）は，2 度行う（操作 (9) で説明）.

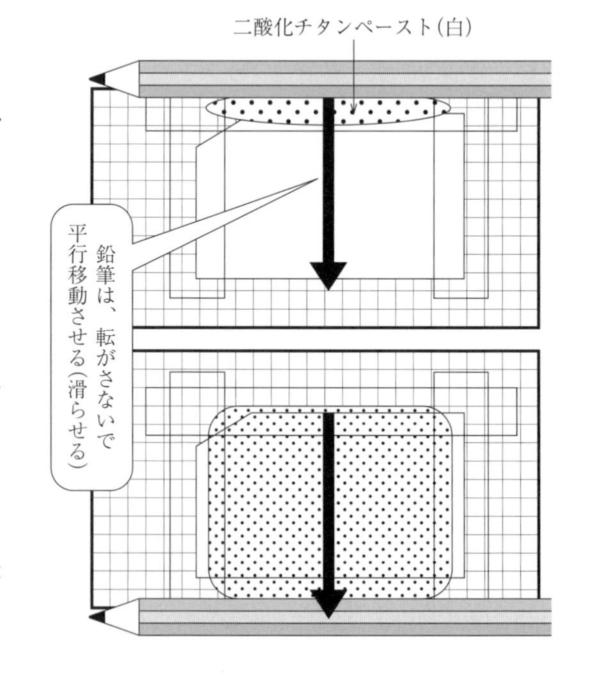

(6)　二酸化チタンペーストをホットプレートで乾燥させる．

6-1　台紙からPEN-フィルムを外す（セロハンテープはフィルムの裏側に折り曲げる，あるいはセロハンテープを剝がす）．セロハンテープを折り曲げるか，剝がすかについては教員の指示を受ける．

6-2　二酸化チタンペースト面を上にして，100 °Cのホットプレート上で乾燥させる．ただし，乾燥時間は，1度塗りで10分間程度とする（この間に操作(7)，(8)を進めておく）．

(7)　正極の準備：ステンレス板の三辺にビニールテープ（絶縁テープ）を貼る．

ステンレス板の長い辺の1辺と，両側の短い辺に1枚ずつビニールテープを貼る．

テープの幅の1/2程度（2〜3 mm）を裏側へ折り返す．

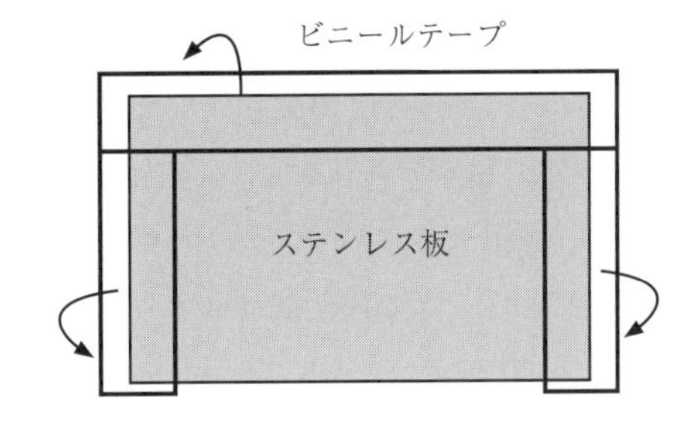

(8)　黒鉛ペーストをステンレス板に塗る．

8-1　黒鉛ペーストはドロドロした状態が好ましく，はみ出した部分は丁寧に拭き取る．

8-2　黒鉛ペーストを塗布した面を上にして乾燥させる．ホットプレートに乗せて乾燥させる場合には，5〜10分程度の乾燥でよい．

8-3　黒鉛ペーストでの塗布では，二酸化チタンとは異なり，2度目の重ね塗りはしない．

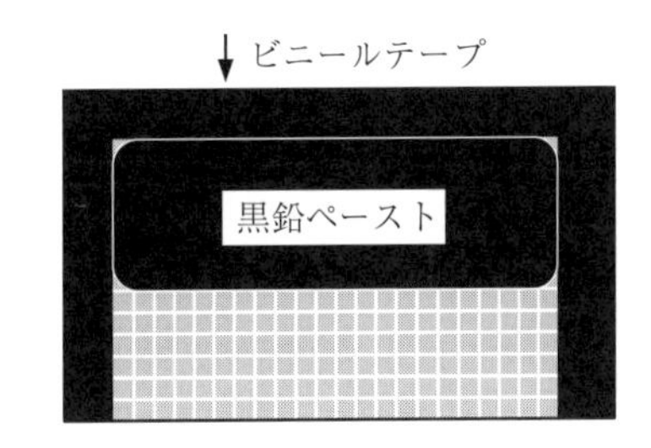

※この黒鉛を塗る作業を丁寧に行うことが発電力に結び付く．

(9)　負極の準備（つづき）：PEN-フィルムに再び二酸化チタンを塗る．

9-1　操作(6)での1回目の乾燥が終わったPEN-フィルムを，ピンセットを使ってホットプレートから台紙へ下ろす．

9-2　乾燥後の二酸化チタンの上に，再度操作(5)の要領で二酸化チタンペーストを再び塗る（2度目の重ね塗りをする）．

9-3　再度操作(6)の要領で100 °Cのホットプレート上で10分間程度乾燥させる．

※この二酸化チタン膜の均一性が電池の性能の重要なポイントになる．教員かTAに確認してもらい，3度目の重ね塗りが必要か，次の操作に進むかの指示を受ける．

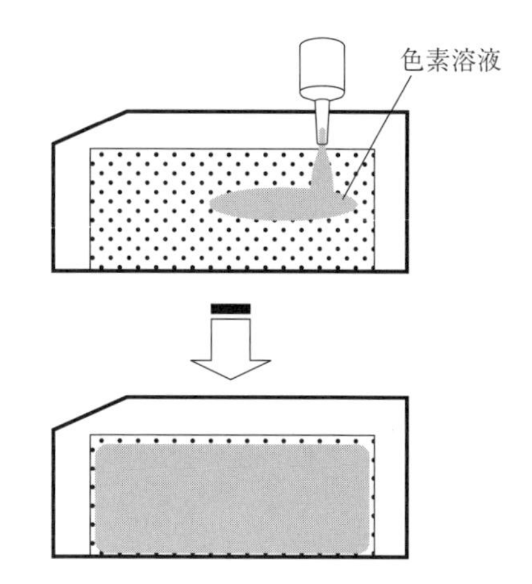

ホットプレートで5分間乾燥

(10) 乾いた二酸化チタンペースト上に色素を定着させる．

10-1 PEN-フィルムを，ピンセットを使ってホットプレートから台紙へ下ろし，セロハンテープをはずす．

10-2 色素溶液を二酸化チタン表面にゆっくり滴下する（全体に色がつくまで）．

10-3 酸化チタンペーストからはみ出した溶液はキムワイプで軽く拭き取る．

10-4 100 ℃のホットプレート上で5分間乾燥させる．

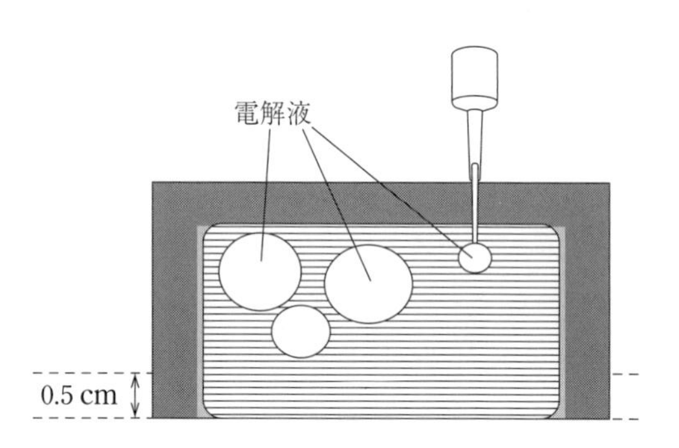

(11) (10)の操作が終わってから，ステンレス板の黒鉛の上に，電解液を滴下する．

ビニールテープを貼っていない方の長い辺は，端から約0.5 cm幅を空けておく（リード線のワニ口クリップをつなげる部分）．

空けておくべき部分以外には，全体的に電解液を滴下する（ガラス棒等でのばさないこと）．

はみ出した電解液はキムワイプ等で拭き取る．少なすぎてムラがあるとショートの原因となる．

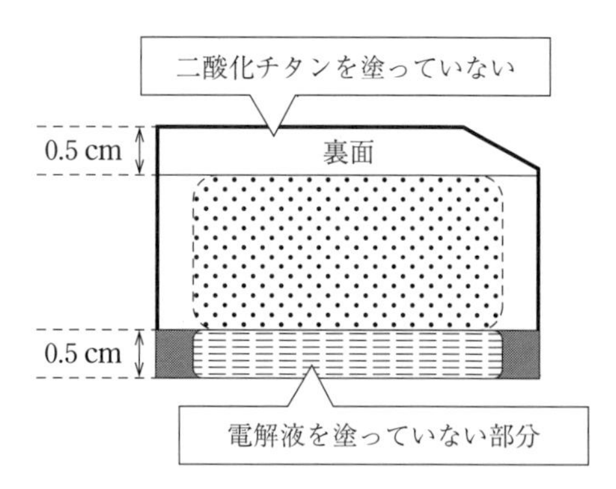

(12) 電池の組み立て：PEN-フィルムを裏返し，向きと位置に注意してステンレス板の上に乗せる．

図のようにステンレス板とPEN-フィルムを0.5 cmずらして乗せる．

(13) 2組の電極がずれたりしないようにクリップでしっかりと留める．

作成した色素増感太陽電池は，ステンレス板が正極，PEN-フィルムが負極になる．

（注意） リード線をステンレス板とフィルムの間にはさまないように！

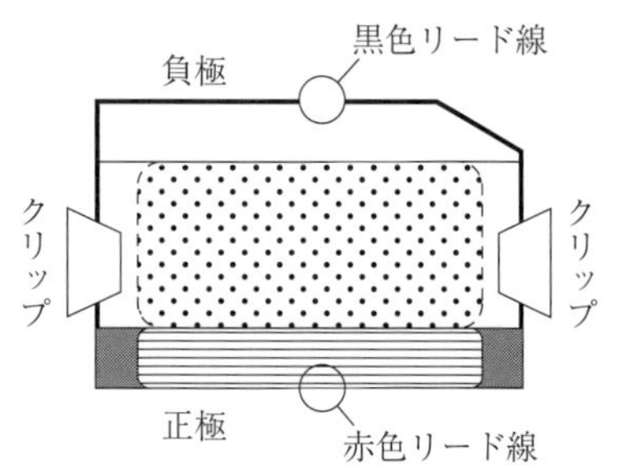

色素増感太陽電池の完成

【実験課題―2】色素増感太陽電池とシリコン太陽電池との比較

1） ランプを使わない（室内灯での）実験

作成した色素増感太陽電池を電圧計につないで電圧を測定する．次に，色素増感太陽電池をオルゴールにつないで音が鳴るか実験する．

【リザルトシート】

(1) 自分たちで作った色素増感太陽電池にオルゴールをつないで，音が鳴るか確認する．

(2) (1) のオルゴールに対して電圧計を並列につないで電圧を測定する．

(3) 同様の実験をシリコン電池で行い，違いを確認する．

2） ハロゲンランプを使った実験

作成した色素増感太陽電池にハロゲンランプ（可視～赤外光）で光を照射すると，色素の効果で，より電気が流れるようになる．そのときの電圧を測定する．ランプを消すと，色素の効果がなくなることを電圧から確認する．

また，光を照射している状態でオルゴールが鳴るか（音の大きさはどうか）実験する．

※高温のためやけど注意（1 分間照射すると，温度は約 200 ℃ に達します）

※連続照射時間は 30 秒以内

※台紙の上で照射しない

【リザルトシート】

(1) 2 種類の太陽電池にハロゲンランプで光を照射した時と，照射終了後の電圧を測定する．

(2) 2 種類の太陽電池にハロゲンランプで光を照射した時のオルゴールの状態を確認する．

3） グループ実験

① 作成した色素増感太陽電池と近くの班の色素増感太陽電池とを直列に連結して，ハロゲンランプで光を照射する．1 つの時とどれくらい違いが出るか，電圧計とオルゴールを使って確認する．オルゴールの実験では，電池 1 つの時に鳴らなかった場合にいくつの電池を連結したらオルゴールが鳴るか，複数の電池を連結して実験する．

② シリコン太陽電池でも，① と同様の実験を行い，色素増感太陽電池とどのような違いがあるかを観察する．

【リザルトシート】

(1) 近くの班と色素増感太陽電池を直列に連結して光照射実験を行う．1 つの時にオルゴールが鳴らなかった場合，いくつの電池を連結したらオルゴールが鳴るかを実験する．その時の電圧を測定する．

(2) 同様の実験をシリコン太陽電池でも行う．

4） まとめ

実験の結果をリザルトシートにまとめる．今回の実験結果から，オルゴールが鳴るためには何V以上の電圧が必要と考えられるか？　リザルトシートに記入する．

5　実験の片付け

組み立てた太陽電池は，実験前にあったように分解する．二酸化チタンや色素溶液の付いているPEN-フィルムとステンレス板は，エタノールを染み込ませたキムワイプで丁寧に拭き取る．

机の上を雑巾で水拭きをする．器具箱の中身をTAにチェックしてもらってから片付け，実験を終了する．

実験ノート　（実験メモとして自由に使ってください）

基礎化学実験 2　リザルトシート　課題 1B

実験日：　　　年　　　月　　　日（　　曜日）

　　　年　　　組　　　番（混合クラス　　　組）

実験者氏名：

基礎化学実験 2／D308	
月　　日	サイン

1）　色素増感太陽電池とシリコン太陽電池の室内光での実験

	電圧 / V	オルゴール（○ or ×）
色素増感太陽電池		
シリコン太陽電池		

2）　ハロゲンランプを使った実験

	電圧 / V		光照射中
	光照射中	光照射終了後	オルゴール（○ or ×）
色素増感太陽電池			
シリコン太陽電池			

3）　グループ実験

	光照射中		
	オルゴール	連結した電池の数	電圧 / V
色素増感太陽電池			
シリコン太陽電池			

4）　まとめ

オルゴールが鳴るためには，何 V 以上の電圧が必要？

＿＿＿＿＿＿＿＿V 以上

実験課題1　電気と化学反応エネルギー

1A　水の電気分解と水素燃料電池

1B　色素増感太陽電池とシリコン太陽電池

使用器具・薬品一覧

課題1A　水の電気分解と水素燃料電池

H型反応管，直流電源装置，クリップ，電圧計，ロート，H管の保持台，シリコン製ソーラーパネル，バナナケーブル（2本），リバーシブル燃料電池，水素タンク，酸素タンク，注射器，バッテリーパック，プロペラ，希アルカリ溶液（0.1 mol-Na_2CO_3）

課題1B　色素増感太陽電池とシリコン太陽電池

電圧計，導電性プラスチックフィルム（PEN-フィルム），ステンレス板，ケーブル（赤・黒），黒鉛（鉛筆），点眼ビン3本（① 白色の二酸化チタンペースト，② 赤紫色の色素化合物溶液，③ 橙色のヨウ素電解質溶液），クリップ2つ，台紙，単三電池，ピンセット，セロハンテープ，ビニールテープ，ホットプレート（2班で1台），オルゴール，発光ダイオード，ハロゲンランプ（可視～赤外光），500 ml ビーカー，エタノール（洗瓶）×1本

『化学製品最前線』

—固体高分子型燃料電池（PEFC）—

燃料電池をノートパソコンなどの携帯機器の電源として利用する場合，電解液の液漏れを防ぐ必要がある．理想的には，電解液を液体から固体に変えればよい．電解液のかわりに，固体でもイオンを移動させられる物質として，イオン交換樹脂がある．電池としては，陽イオン交換膜の左右に電極を取り付けることで，膜中を負極から正極へと陽イオンが移動する．陽イオン交換膜には，伝導性のある高分子膜が使用されている．PEFCは，小型で携帯可能である．

PEFCの反応は，リン酸型燃料電池（PAFC）と同様で移動するのは陽イオンであるH^+である．

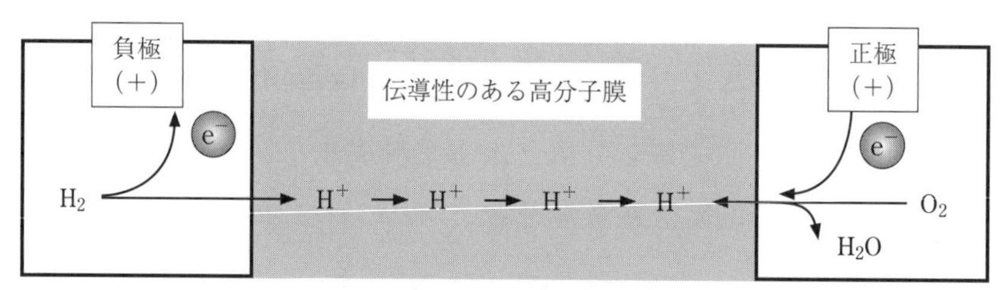

固体高分子型燃料電池の原理

『化学の基礎』

―水の電気分解―

燃料電池（PAFC）は，正極と負極の間に豆電球を設置すると反応が起こって点灯する．この時，正極では酸素が負極では水素が消費されることになる．電子は負極から正極に移動する．

一方で，正極と負極に外部電源を接続し，電池電圧より大きい電圧を逆向きにかける．電子は正極から負極に移動するため，燃料電池の逆反応が進行する．したがって，正極に酸素が，負極には水素が生成する．燃料電池の充電は水の電気分解に相当することになる．

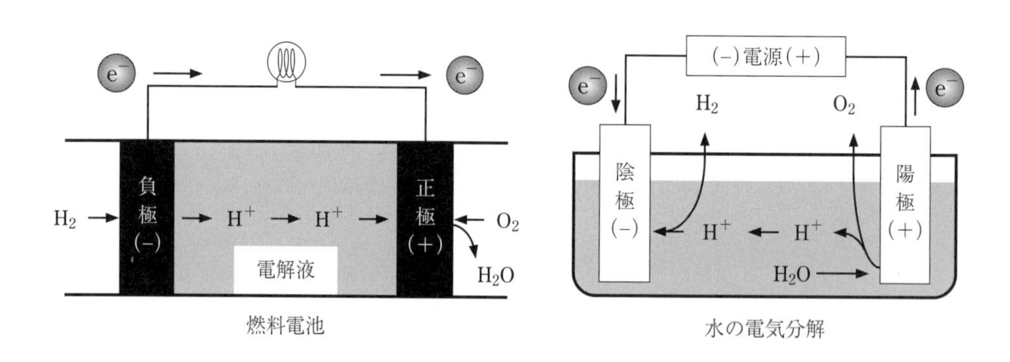

燃料電池　　水の電気分解

基礎化学実験 2

実験課題 2　高分子と有機化学反応

2A. 生物化学におけるタンパク質の定量
～タンパク質の性質を理解し，定量実験から比色法の原理を学ぶ～

2B. ナイロン 6,6 の合成と染織
～繊維の種類による染まり方の違いを学ぶ～

課題2A　生物化学におけるタンパク質の定量

～タンパク質の性質を理解し，定量実験から比色法の原理を学ぶ～

1　はじめに

1.1　タンパク質の性質とその定量

タンパク質は，生命活動を支える物質として，重要な役割を担っている．生物が生きるということは，このタンパク質という分子が絶えず働くことによって維持されている．さまざまな生物現象を支えるタンパク質の働きを分子レベルでとらえる手法の一つであるタンパク質の定量は，生物化学研究分野で非常に多く実施されている基本操作である．試料のタンパク質を定量するためには，さまざまな方法があるが，それぞれの原理や特徴を知った上で実験の目的に応じて選択する必要がある．本実験では，主要な定量法の一つである色素結合法（ブラッドフォード法）により，タンパク質の定量を行う．

1.2　色素結合法（ブラッドフォード法）の原理

色素結合法は，繊維用のトリフェニルメタン色素である Coomassie Brilliant Blue G-250（以下，CBB）の吸収極大（λ_{max}）は 465 nm であるが，酸性 pH の条件下で，タンパク質と結合すると，λ_{max} が 595～660 nm に変化する性質を利用した定量法である．この吸収波長の変化は色素とタンパク質との相互作用によるものである．試料に CBB 含有試薬を加えるだけでの簡便な方法で感度が高く，妨害物質も少ない．タンパク質の種類によって発色率に差があり，1％の界面活性剤により妨害されるという欠点はあるものの，多くの改良法もあり，定量試薬キットも市販されているので，生物化学分野でよく用いられる．

1.3　吸光度と溶液濃度の関係

試料溶液中の目的成分に発色試薬を加えて発色させ，その色調の強度を比較して目的成分を定量する方法を比色分析という．ランベルト・ベールの法則*1 より，吸光度が試料中の吸光物質の濃度に比例することから，タンパク質濃度測定などさまざまな定量分析に吸光度が用いられる．

1.4　検量線

物質の濃度を測定する際には，濃度がわからない未知試料（実際に分析したい試料）をあらかじめ濃度のわかっている試料（標準試料）と比べて濃度を決定する．

ここでは，吸光光度法によりある物質 X の濃度を推定する場合の例をあげる．

Xの濃度が既知の標準試料の吸光度を測定する．濃度と吸光度をプロットすると図1のようなグラフが作成できる．これが「検量線」である．標準試料の測定が終了し，検量線が引けたら，次に未知試料を測定する．この検量線から，例えば未知試料の吸光度0.8に対応する濃度を1.75 mg/mLと推定することができる．定量分析では，このように検量線を利用して，未知試料の濃度を決定する．

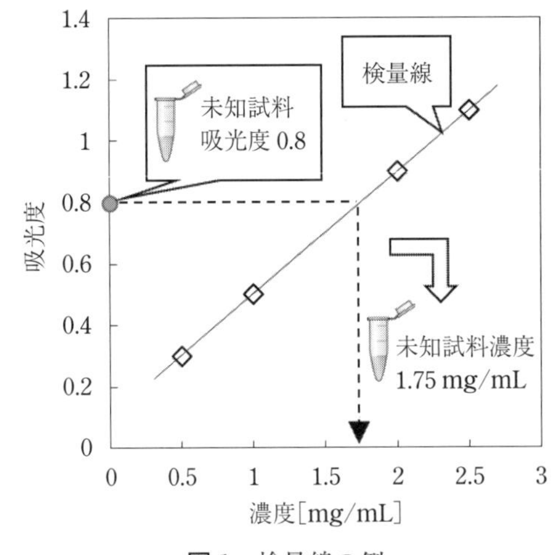

図1　検量線の例
◇：標準試料を用いたプロット

2　実験器具・試薬

2.1　実験器具

分光光度計，マイクロピペット（1 mL，0.2 mL）各1本ずつ，チップ（ブルー：1 mL用，イエロー：0.2 mL用），マイクロチューブ（1.5 mL×8本，2 mL×9本），50 mL遠沈管，マイクロチューブ立て，プラスチックセル（2個），使用済みチップ廃棄用カップ（1個），黒ペン

2.2　試薬

- ブラッドフォード試薬：20 mL（50 mL遠沈管）
- 牛血清アルブミン（bovine serum albumin；BSA）*2 標準溶液（1.0 mg/mL）：1 mL（2 mLチューブ⇒チューブ蓋に黒いライン）
- 濃度未知試料（BSA溶液）：0.5 mL（1.5 mLチューブ⇒チューブ蓋に赤いライン）

【廃液処理の方法】

タンパク質溶液と反応させたブラッドフォード試薬は，専用の廃液タンクに廃棄する．また，実験に使用したチップ，チューブ，およびセルは溶液を除去後，プラスチック専用のゴミ箱に捨てる．ただし，再測定する際には，セルをエタノール（洗瓶），続いて，脱イオン水で洗浄し，付着した色素を除去した後に，再利用する．

3　実験

3.1　BSA標準溶液を用いた検量線の作成

① 1000 μg/mL BSA標準溶液を用いて，濃度既知試料を調製する．溶液の分注はマイクロピペットという微量溶液を扱える（10^{-6} Lオーダーではかり取れる）器具を用いて行う．図2の手順で溶液を1.5 mLマイクロチューブに加え，検量線用のBSA標準溶液（0〜500 μg/mL）を調製する．BSA標準溶液の調製過程を表1に記入する．

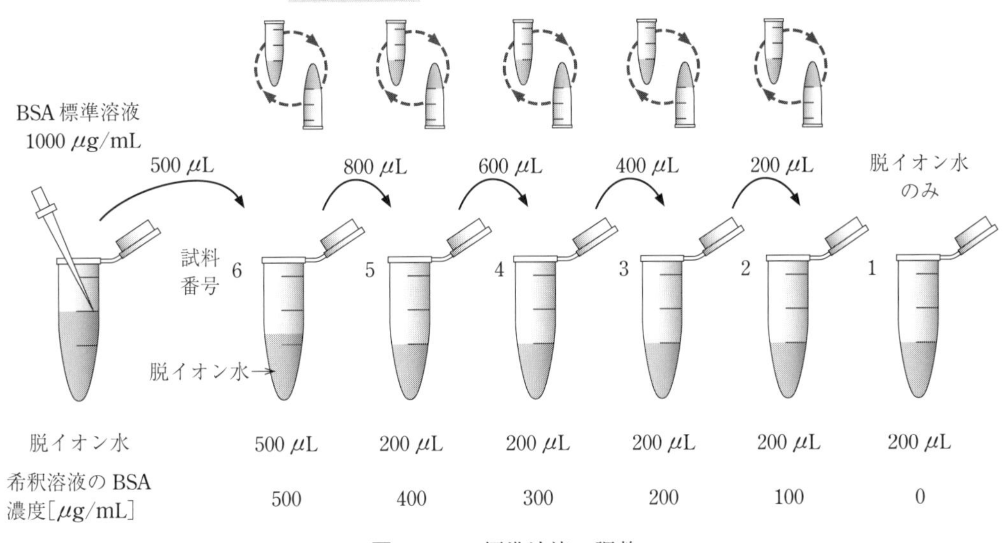

図 2　BSA 標準溶液の調整

表 1　BSA 標準溶液の調製

試料番号	6	5	4	3	2	1
採取する溶液の BSA 濃度 [μg/mL]	1000	500	400	300	200	0
加える BSA 溶液の量 [μL]	500					—
脱イオン水の量 [μL]	500	200				200
希釈溶液の BSA 濃度 [μg/mL]	500	400	300	200	100	0

0）マイクロチューブにペンで試料番号を記入する．

i）試料番号 6 の 1.5 mL マイクロチューブに 500 μL の脱イオン水を入れ，試料番号 5 から 1 までのマイクロチューブには 200 μL の脱イオン水を入れる．

ii）BSA 濃度が 1000 μg/mL の標準溶液を 500 μL 採取して，試料番号 6 のマイクロチューブに加える．この混合溶液（1000 μL）が入ったこのマイクロチューブに蓋をした後，10 回程度の転倒撹拌をする．ここで調製された希釈溶液の BSA 濃度は 500 μg/mL となる．

iii）番号 6 のマイクロチューブから BSA 溶液を 800 μL（表 1 にこの数値を記入）採取して，番号 5 のマイクロチューブに加える．この混合溶液（1000 μL）が入ったマイクロチューブに蓋をした後，転倒撹拌をする．ここで調製された希釈溶液の BSA 濃度は 400 μg/mL となる．

iv）図 2 と表 1 を参考にして，異なる濃度の BSA 標準溶液を試料番号 4，3，2 のマイクロチューブに調製する．

②　①で調製した BSA 希釈溶液 30μL を 6 本の「2 mL」マイクロチューブの底に入れる．マイクロチューブの試料番号は①での試料番号と同じ番号にする．

③　②の各マイクロチューブにブラッドフォード溶液 1.5 mL を加え，10 回転転倒撹拌する．脱イオン水のみにブラッドフォード溶液を加えた溶液（試料番号 1）はブランク溶液として，検量線作成でのゼロ点補正用溶液として使用する．

＊試料溶液は混合してから 10 分後以降 60 分以内に測定する．なお，時間内に全試料溶液の吸光度を測定しなければならないので，あらかじめ分光光度計の準備を終了しておく．

（反応開始時間：　　　　　　　，測定終了時間：　　　　　　　）

④　反応溶液（③）を分光光度計用のセルに移し替え，595 nm での吸光度を測定する．

＊溶液の濃度の薄い順に測定する．セルは共洗いする必要はない．

⑤　測定結果をリザルトシート中の表 A に記入する．

3.2　濃度未知試料溶液の吸光度測定およびタンパク質濃度の測定

①　図 3 のように，濃度未知試料を希釈（1 倍，2 倍，4 倍，6 倍）する．次頁の操作 i)〜iv)を参考にして，濃度未知試料の調製過程における数値を表 2 に記入する．

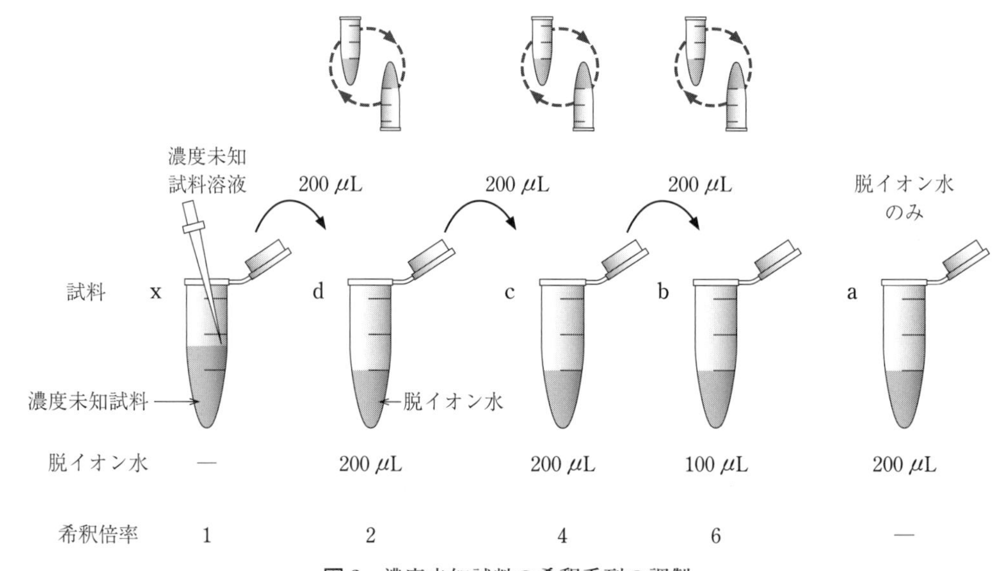

図 3　濃度未知試料の希釈系列の調製

表 2　濃度未知試料の希釈系列の調製

試料	x	d	c	b	a
希釈に用いた試料	—	x	d	c	—
未知試料溶液の量［μL］	—				
脱イオン水の量［μL］	0	200	200	100	200
希釈倍率	1	2	4	6	—

i）試料 d，c，a の 1.5 mL マイクロチューブに 200 μL の脱イオン水，b の 1.5 mL マイクロチューブに 100 μL の脱イオン水を入れる．

ii）濃度未知の溶液が入っている試料 x のマイクロチューブから 200 μL を採取して，d のマイクロチューブに加える．このマイクロチューブに蓋をした後，転倒攪拌をする．d の溶液は x の溶液を 2 倍に希釈した溶液である．

iii）d の溶液から 200 μL を採取して c のマイクロチューブに加え，転倒攪拌をする．c の溶液は d の溶液を 2 倍に希釈した溶液であり，x の溶液を 4 倍希釈した溶液である．

iv）c の溶液から 200 μL を採取して b のマイクロチューブに加え，転倒攪拌をする．b の溶液は c の溶液を 1.5 倍希釈した溶液であり，x の溶液を 6 倍希釈した溶液である．

② ①で調製した溶液 30 μL を 2 mL マイクロチューブに入れる．マイクロチューブの記号は①での試料と同じ記号にする．

③ ②の各マイクロチューブにブラッドフォード溶液 1.5 mL を加え，10 回転転倒攪拌する．脱イオン水のみの溶液にブラッドフォード溶液を加えた溶液（試料 a）はブランク溶液とする．

＊試料溶液は混合してから 10 分後以降 60 分以内に測定する．なお，時間内に全試料溶液の吸光度を測定しなければならないので，あらかじめ分光光度計の準備を終了しておく．

（反応開始時間：　　　　　　，測定終了時間：　　　　　　）

④ 反応溶液（③）を分光光度計用のセルに移し替え，595 nm での吸光度を測定する．

＊溶液の濃度の薄い順に測定する．セルは共洗いする必要ない．

＊セルは検量線作成時に使用したものではなく，新しいセルを用いる．

⑤ 測定結果をリザルトシート中の表 B に記入する．

⑥ 3.1 で作成した検量線と照らし合わせ，タンパク質濃度を推定する．

＊未知試料中のタンパク質濃度が濃すぎたり薄すぎたりした場合には，検量線の範囲を超えてしまっているので，希釈倍率を変更して再測定する．

注意点

①正確な希釈を行うためには，正確にピペッティングを行わなければならない．

②試料溶液と発色溶液はよく混合させて，均一な状態にする．

③吸光度を測定する際には，必ず濃度の薄い方から順次測定を行う．

（セルを共洗いする必要はないが，内部の溶液を十分に取り除くことが重要）

4 課題

4.1 BSA 標準溶液を用いた検量線の作成

表 A のデータを基に，図 A に検量線のグラフを完成させる．

4.2　作成した検量線による濃度未知試料溶液のタンパク質濃度の測定

4.1で作成した検量線と照らし合わせ，各マイクロチューブ中の溶液の吸光度からタンパク質濃度を推定する．測定した値はリザルトシート中の表Bに記入する．

5　機器の使用方法

5.1　マイクロピペットの使い方

マイクロピペットは，1 mL 以下の微量の液体を測りとる器具である．ピストンを上下することにより空気を出し入れすることができる構造で，ピストンの上下する距離をダイヤルで細かく調整し，出し入れする空気の量を細かく調節できるため，計量する液体の量を正確に調節できる．種類によって，使うチップと計量可能な範囲が異なるので，適したサイズのものを使用する．デリケートな器具であるので，取り扱いに注意する．手順を図4に示す．

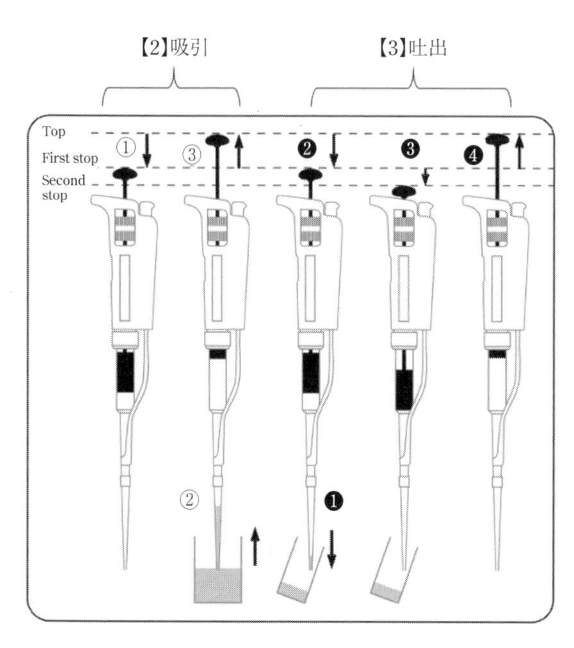

【1】チップの装着
P200には黄色チップ
P1000には青色チップ

【2】吸引
①プッシュボタンを第一ストップまで押す．
②ピペットボタンを垂直に持ち，チップを液体に浸す．
③プッシュボタンをTopの位置までゆっくりと戻し，液体を吸引する．
④1秒程待ってチップを静かに引き上げる．
⑤チップの外側に水滴がついていれば，チップの口に触れないように拭き取る．

【3】吐出
❶容器の内壁にチップの先端を沿わせる．
❷プッシュボタンをゆっくり第一ストップまで押す．
❸1秒以上待って，プッシュボタンを第二ストップまで押し下げ，チップ内の液体を完全に吐き出す．
❹プッシュボタンを押したまま，チップを容器の内側に添わせるようにして引き上げる．

図4　マイクロピペットの使用方法

> マイクロピペットを使用して，溶液を測りとる場合，ゆっくり吸い上げ，ゆっくり吐き出すことで，精度よく溶液をとることができる．
> 万が一，溶液をマイクロピペットに吸い込んでしまった場合には，TAへ報告する．

5.2　分光光度計の使い方

分光光度計の外観と使用方法を図5に示す．

吸光度の測定は，はじめにブランクとして図2の試料番号1（ブラッドフォード溶液1.5 mL＋脱イオン水30 μL）を測定し，ゼロ点補正を行う．補正後，測定した溶液（試料番号1）をチューブへ戻し，次に同じセルへBSA標準溶液を濃度の薄い順（試料番号2→3→4→5→6）に入れ，吸光度を測定する．セルを共洗いをする必要はないが，溶液を交換する際には，セル内にブラッドフォード溶液が残らないよう，適切な大きさにしたキムワイプなどで十分に溶液を取り除く．

【補足】

ランベルト・ベールの法則（分光光度計の原理）*1

溶液中を光が透過する時，入射光をI_0，透過光をI_tとする時，透過率Tは，$T = I_t/I_0$で表される．さらに，吸光度をAとすると，Aは$A = -\log T = -\log I_t/I_0$で表される．そこで，モル吸光係数（1モルあたりの吸光度）をε，溶液の濃度をC，セルの厚さをlとすると，$A = \varepsilon Cl$となり，溶液の吸光度は溶液の濃度に比例することとなる．このような溶液の濃度と吸光度の関係をランベルト・ベールの法則という．

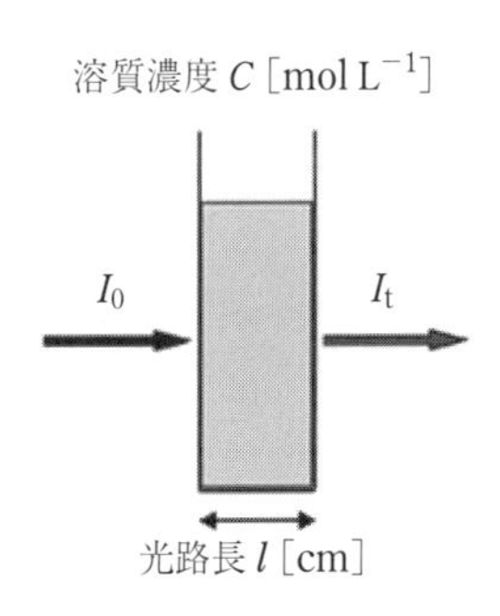

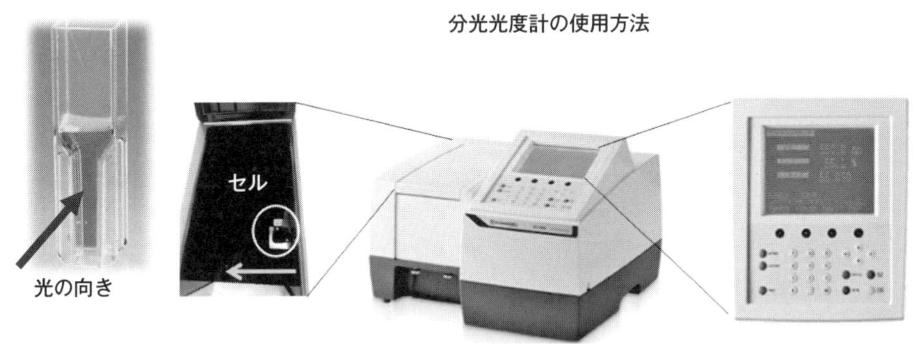

①波長が595 nmに設定されていることを確認する．
②セルへブランク（ブラッドフォード溶液＋脱イオン水）の溶液をマイクロチューブから直接入れ，セルをフォルダへセットする（向き注意）．
③蓋を閉め，AUTO ZEROを押し，ゼロ点補正を行う．この時，表示がゼロであることを確認すること．
④測定後，セルからブランクの溶液を使用していた元のマイクロチューブへ戻す．
⑤ブランクと同様に，BSA標準溶液を濃度の薄い順にチューブからセルへ移し入れ，STARTを押し，吸光度を測定する．
⑥④と同様の操作を行う．
⑦すべての標準溶液を測定したら，検量線を作成する．

図5　分光光度計の外観と使用方法

牛血清アルブミン（BSA）*2

血清アルブミンは血漿中で最も豊富に存在するタンパク質であり，血液中でよく見られ簡単に精製できる．牛から得られる類似タンパク質である牛血清アルブミン（bovine serum albumin；BSA）は，583 アミノ酸残基から構成されており，モデルタンパク質，キャリアタンパク質として，広く研究に用いられている．

基礎化学実験 2　リザルトシート　課題 2A（生物化学）

実験日：　　　年　　　月　　　日（　　曜日）

　　年　　　組　　　番（混合クラス　　　組）

実験者氏名：

基礎化学実験 2／D303	
月　　　日	サイン

【実験課題―1】BSA 標準溶液の作成と検量線の作成

検量線を作成するために，調製したBSA 標準溶液の調製方法を表 1 に記入する．測定した吸光度を表 A に記入し，表 A をもとに，図 A にデータをプロットし，検量線を作成する．

表 A　BSA 標準溶液の吸光度測定

試料番号	1	2	3	4	5	6
BSA 濃度 [μg/mL]	0	100	200	300	400	500
吸光度	―					

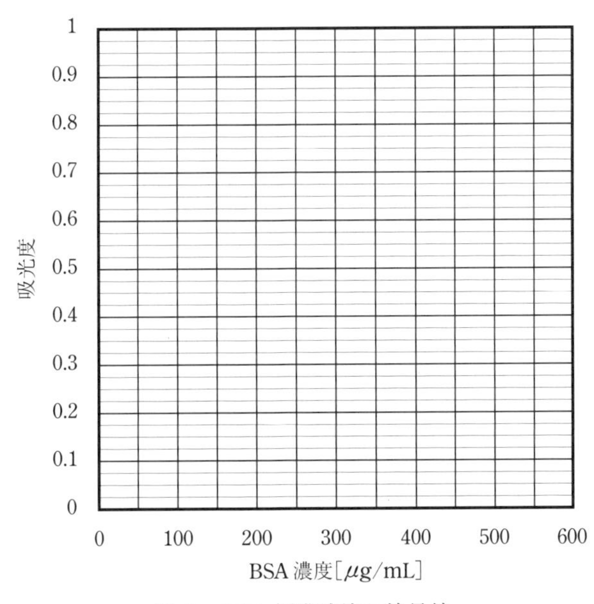

図 A　BSA 標準溶液の検量線

【実験課題―2】検量線を用いた濃度未知試料溶液のタンパク質濃度の測定

課題1と同様に吸光度を測定し，試料のタンパク質濃度を推定する．ただし，濃度未知試料溶液の濃度は検量線の範囲外であることがある．このような場合には，適宜，希釈を行い，検量線の適用範囲内で濃度を推定する．各希釈倍率で測定した吸光度を表Bに記入する．なお，ブランク試料（試料a）でゼロ点補正を忘れずに再度行う．

表B　濃度未知試料の吸光度測定

試料	a	b	c	d	x
濃度未知試料の希釈倍率	―	6	4	2	1
吸光度	―				
希釈後の濃度［μg/mL］	―				
希釈前の濃度［μg/mL］	―				

濃度未知試料溶液の推定濃度

［　　　　　　］μg/mL

【考察】タンパク質定量実験より得られた結果を基に，以下について考察すること．

1．ブラッドフォード法によるタンパク質量の測定可能な範囲は100-800 μg/mL程度である．測定範囲を超えた場合，定量結果の信頼性は低下する．その理由はなぜか．また，測定範囲を超えた場合，どのように対応すると測定できるか．

2．濃度未知試料の推定において，三種類の希釈溶液を用いたが，いずれの条件においても未知試料の濃度は一致していたか．一致していない場合は，どちらの値から濃度を推定することが好ましいと考えられるか．

課題2B　ナイロン6,6の合成と染織

～繊維の種類による染まり方の違いを学ぶ～

1　はじめに

ナイロンはアミド結合を有する高分子の一般名称であり，我々の生活に欠かすことのできない化学製品の一つである．ナイロンの呼称はそのナイロンを構成する繰り返し単位の炭素鎖の長さに由来し，今回合成するナイロン6,6は炭素数6個のジアミンと，炭素数6個のジカルボン酸から構成されているため，ナイロン6,6と名付けられた（図1）．

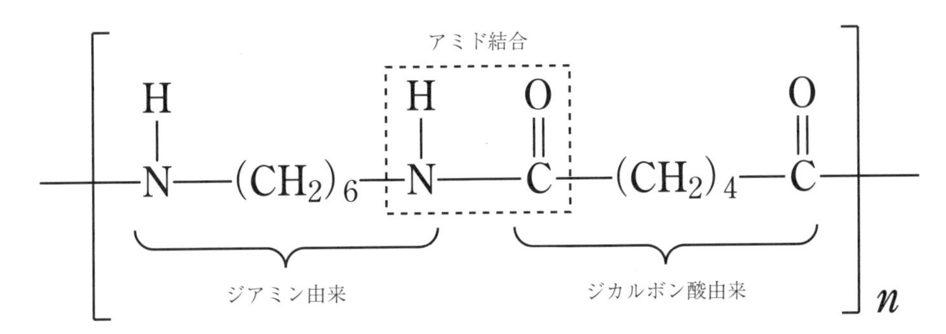

図1　ナイロン6,6の化学構造

ナイロン6,6はアメリカのデュポン社のカロザースが開発した世界初の合成繊維であり，その物理的な特性は「蜘蛛（くも）の糸より細く，絹より美しく，鋼鉄より強い」と賞されるほどであった．このナイロン6,6は，アメリカが当時輸入していた絹の代替品として化学合成によって作り出すことを目的に作られたものであった．

2　試薬と実験器具

2.1　試薬

塩化アジポイル，ヘキサメチレンジアミン，0.5 mol/L水酸化ナトリウム水溶液，ヘキサン，アジッドオレンジ7，酢酸

危険防止のための注意

揮発性を有している試薬が多いので，ナイロン6,6の合成（3.1）が終了するまでの作業と染色液調整はすべてドラフト内で行う．

2.2　実験器具

ビーカー（50 mL，100 mL，300 mL），マイクロピペット（200 μL，1 mL），ピペット（5 mL），ガラス棒，ピンセット

※マイクロピペットの使用方法は P. 107“4”に記載.

3　実験

3.1　ナイロン 6,6 の合成

1）50 mL ビーカーにマイクロピペットを用いて 320 μL のヘキサメチレンジアミンを加えた後，ピペットを用いて 5 mL の 0.5 mol/L 水酸化ナトリウム水溶液を用いて加えよく撹拌する.

> **【注意事項】**
> ヘキサメチレンジアミンは常温で固体のため，80 °C に設定されている湯浴内で溶解している．分けとる際に固化しないように，手際よく行う.

2）50 mL ビーカーにマイクロピペットを用いて 230 μL の塩化アジポイルを加えた後，ピペットを用いて 5 mL のヘキサンを加えよく撹拌する.

※ 1 mL は 1000 μL に相当する.

※それぞれの溶液の状態をリザルトシートに記入する.

3）1) の溶液に，2) の溶液をガラス棒に伝わらせてゆっくりと注ぎ込む（右図参照).

※ポイント：ガラス棒が液面に触れるとそこで反応が進行してしまうので，液面が乱れないようにガラス棒はビーカーの側面に触れるようにする.

4）1) と 2) の溶液の界面でナイロン 6,6 が生成されているので，ピンセットを用いてつまみ上げガラス棒に巻き取る.

5）100 mL ビーカーに 20 mL のエタノールを入れ，引き上げたナイロン 6,6 を入れてよく攪拌する.

6）キムタオル上にナイロン 6,6 を広げてはさんだ後，上からハンドプレスをして水気を取り除く.

7）ナイロン 6,6 を水道水で良く洗い，再度，キムタオルを用いて水分を良く取り除く.

8）新しいキムタオルに包み，80 °C のオーブンで 30 分ほど乾燥させる.

3.2　繊維の染色

1）100 mL ビーカーに水道水 40 mL，アシッドオレンジ 7 水溶液 1 mL，マイクロピペットで酢酸 50 μL を採取し，ビーカーに加えてガラス棒でよく撹拌する.

2) 3.1で作成したナイロンの一部と，比較用の絹糸，綿糸を約5cmに切断し，ビーカーに入れる．

3) ホットプレートを用いて2)のビーカーを加熱をし，液表面から湯気が出始めてから5分間その状態を維持する(時々攪拌を行うこと)．

【注意事項】

ホットプレート表面は大変熱くなっているので，手を触れないように注意する．また，温めたビーカーを取り扱う際は布の手袋を着用する．

4) 5分経過したら，ホットプレートからビーカーを下ろして染色した糸を取り出す．

5) 300 mLビーカーに水道水(100〜150 mL)を入れ，その中で繊維を良く水洗いする．

6) 水洗いの後，水道で洗剤を用いてさらに洗浄する．

7) 洗剤での水洗いが終了したら，キムタオルに包みハンドプレスによって脱水を行った後，再度オーブンにて10分間乾燥を行う．

3.3 繊維の比較

1) 乾燥が終了するまでの間に，染色に使わなかった部分のナイロン6,6，絹糸，綿糸を観察し，その強度や感触を比較する．

※絹や綿はすでに細い繊維がまとまった状態であるが，ナイロン6,6はまだ細い繊維のままなので，数本をまとめてこよりをつくると強度が高くなる．

※それぞれの糸の特徴を**リザルトシート**に記入

2) 染色した繊維が乾燥したら，その染まり具合を比較する．

※それぞれの糸の染まり具合を**リザルトシート**に記入

4 マイクロピペットの使い方

マイクロピペットは，1 mL以下の微量の液体を測りとる器具である．ピストンを上下することにより空気を出し入れすることができる構造で，ピストンの上下する距離をダイヤルで細かく調整し，出し入れする空気の量を細かく調節できるため，計量する液体の量を正確に調節できる．種類によって，使うチップと計量可能な範囲が異なるので，適したサイズのものを使用する．デリケートな器具であるので，取り扱いに注意する．手順を図2に示す．

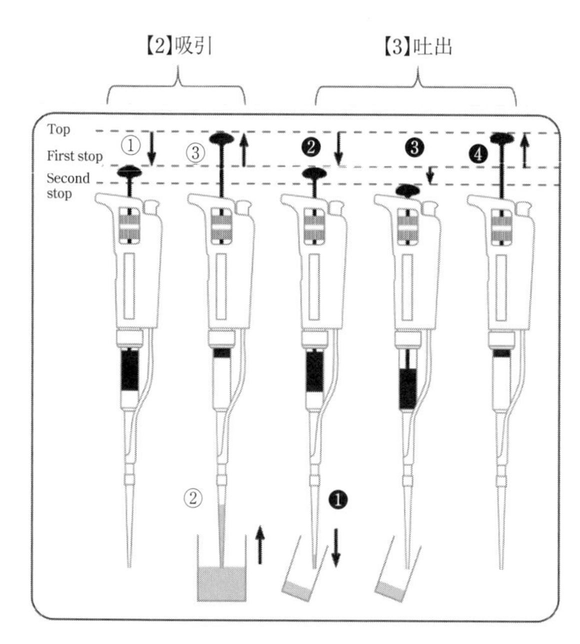

【1】チップの装着
P200には黄色チップ
P1000には青色チップ

【2】吸引
①プッシュボタンを第一ストップまで押す.
②ピペットボタンを垂直に持ち,チップを液体に浸す.
③プッシュボタンをTopの位置までゆっくりと戻し,液体を吸引する.
④1秒程待ってチップを静かに引き上げる.
⑤チップの外側に水滴がついていれば,チップの口に触れないように拭き取る.

【3】吐出
❶容器の内壁にチップの先端を沿わせる.
❷プッシュボタンをゆっくり第一ストップまで押す.
❸1秒以上待って,プッシュボタンを第二ストップまで押し下げ,チップ内の液体を完全に吐き出す.
❹プッシュボタンを押したまま,チップを容器の内側に添わせるようにして引き上げる.

図2 マイクロピペットの使用方法

> マイクロピペットを使用して,溶液を測りとる場合,ゆっくり吸い上げ,ゆっくり吐き出すことで,精度よく溶液をとることができる.
> 万が一,溶液をマイクロピペットに吸い込んでしまった場合には,TAへ報告する.

—染色について—

今回利用した染料はアシッドオレンジ7と呼ばれる酸性染料である.酸性染料とは,酸性溶液中でイオンとなって繊維の一部の構造に水素結合やイオン結合,分子間力によって密着して染める機能をもっている.酸性染料は,比較的結合エネルギーの高いイオン結合で形成されているため,一度染めたものが脱色しにくい特徴がある.しかしながら,染織対象の化学構造内にイオン結合する部分が存在しない繊維では染織力があまり強くない.

今回染織対象とした絹と綿はそれぞれタンパク質とセルロースが主体であり,前者はイオン結合を形成できるが,後者はほとんど形成できないため,染織の状況に差が生じるのである.

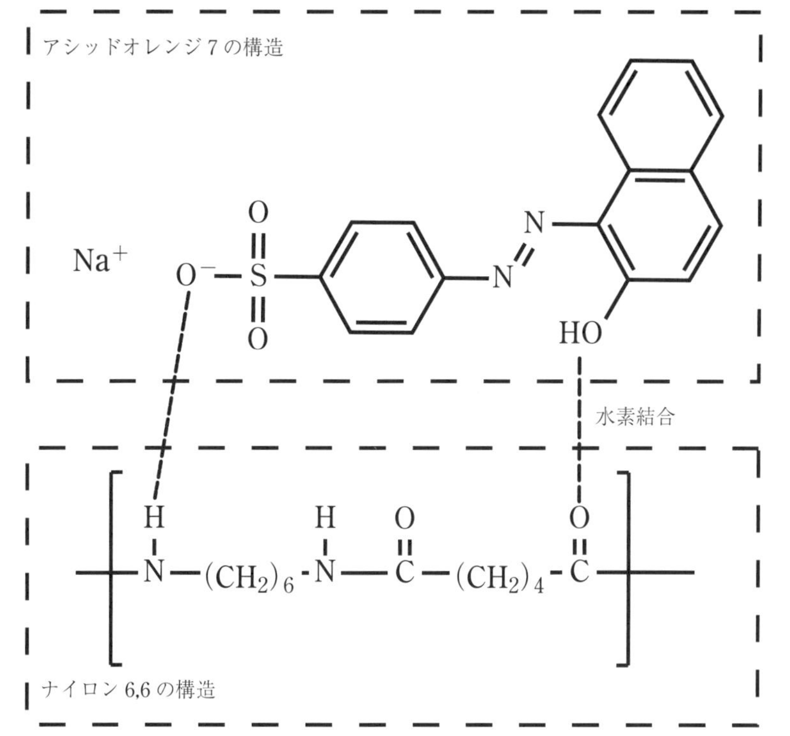

図　アシッドオレンジ7の構造と染織のイメージ

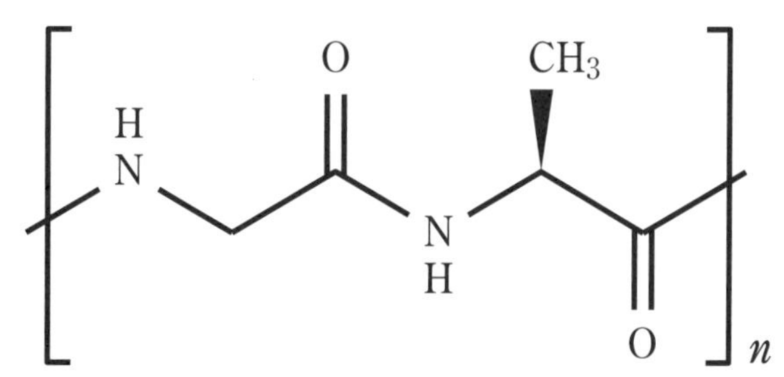

絹（フィブロイン）の化学構造概略図*
フィブロインは繊維状タンパク質の一種で絹の主要成分
*: 石川博，奈倉正宣，繊維と工業, 39, 353(1983)

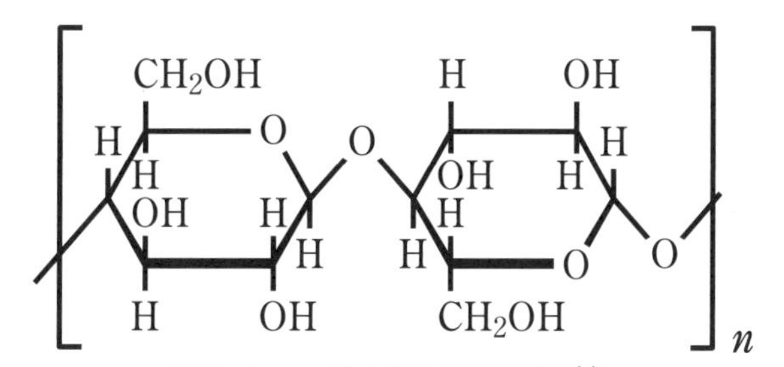

綿（セルロース）の化学構造概略図**
綿はコットンを使ったほぼ純粋なセルロース
**: TORAY TECHNO 技術資料 No. 302

基礎化学実験2　リザルトシート　課題2B（材料）

実験日：　　　年　　　月　　　日（　　曜日）

年　　　組　　　番（混合クラス　　　組）

実験者氏名：

基礎化学実験2／D303	
月　　　日	サイン

1．ナイロン6,6の合成についてその反応を考えて次の問いに答えよ．また，ナイロン6,6の合成に際してビーカー内でそれぞれの溶液を混合したときのビーカー内の状態を述べよ．

1）ヘキサメチレンジアミンと塩化アジポイルから得られるナイロン6,6の化学反応式を考えなさい．

2）理科ではヘキサメチレンジアミンとアジピン酸からナイロン6,6が得られると学びますが，この実験ではアジピン酸の代わりに塩化アジポイルを用いました．次の二つの視点で考察せよ．

①　アジピン酸の代わりに塩化アジポイルを用いた理由を考えなさい．

②　アジピン酸を用いてナイロン6,6を合成するためには，実験でどのような工夫をしたらよいか考えなさい．

3）ビーカー内でそれぞれの溶液を混合したとき状態を観察せよ．

2．ナイロン6,6，絹，綿の強度や触感などの物理的性質の違いを述べよ．

3．三種類の繊維に対するアシッドオレンジ7の染まり具合に違いが生じた原因について述べよ．

基礎化学実験2

実験課題3　セラミックスと無機化学反応

3A. 蛍光体の固相合成

～高機能セラミックスの一例として白色 LED 照明用蛍光体について学ぶ～

3B. 蛍光灯と LED の発光機構

～蛍光灯用蛍光体と LED 用蛍光体の違いを実験により学ぶ～

課題3A　蛍光体の固相合成

1　はじめに

「セラミックス」は金属元素と非金属元素の組み合わせで作られた化合物で，その数は非常に多く，その形態は粉体，単結晶，繊維，焼結体，薄膜などさまざまである．セラミックスは多種多様であり，同一の物質でも種々の機能をもつ．それぞれの物質の機能をうまく利用して新素材として開発した物が先進セラミックスとなる．ここでは高機能セラミックスの一例として，最近実用化された，白色 LED（Light Emitting Diode：発光ダイオード）用の蛍光体である青色蛍光体 Sr_2CeO_4 を例に挙げ，炭酸ストロンチウム（$SrCO_3$）と酸化セリウム（CeO_2）の固相反応を行う．

基礎化学実験1では，セラミックスの原点である「焼き物」について学び，その後自身で実際に粘土をこね，成形した．その後，釉薬をかけ再度高温で本焼きし作品を完成させた．そこで作った茶碗と，現在の最先端の材料である LED 用の蛍光体は，物性こそきわめて違うが，その製法はきわめて近い．本実験を通して，LED の基礎と白色 LED の仕組みを理解することで，セラミックスの多様性や基本的な性質を学ぶ．

2　セラミックスの合成方法

2.1　セラミックスの合成

セラミックスは「原料・添加剤など」を粉砕や混合などの「前処理」を行い，「成形」した後に「焼結」することで製造される．その後，場合によっては釉薬処理のように「後加工」が行われる．得られた成形体は高温で焼成することでセラミックス化することで，原料の粉体が互いに結合し，成形体が強固な材料へと変化すると同時に内部に微細構造を形成することとなる．

セラミックスの合成方法には固相反応法や溶液を使った溶液法，ガス中で反応させる気相法，さらに高真空のチャンバー中でセラミックス膜を作る CVD 法，PVD 法などが代表的なものとして挙げることができる．春学期の基礎化学実験1では天然の粘土をこね焼き物を製作した．この際成形した粘土を電気炉に入れ焼成したが，この焼

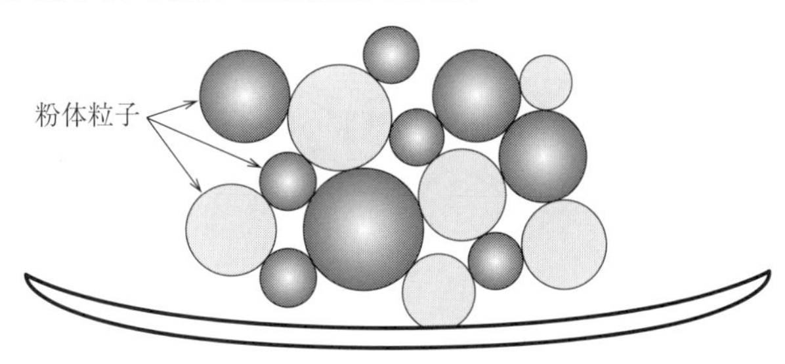

図1　粉体試料の焼結と固相反応の概略図

成プロセスがまさしく固相反応プロセスである．固相反応法はセラミックス合成法として最も古くから実用化されている方法であり，現在でももっとも多用されている方法といえる．

2.2　固相反応法

固相反応法は，数種類の粉末原料を所定の組成となるように秤量し，乳鉢やボールミルで原料が十分に均質になるように混合した後に，熱処理によりセラミックスを合成する方法である．粉末粒子同士の密着性を上げて試料を焼結させることで，粒子自体は熔けないが接した部分が化学変化を起こす．固相反応法は，相異なる固体粒子が接したところで化学反応が起こることを利用した方法である．試料を十分に混合することが最も重要であるので，丁寧かつ十分に時間をかけて混合することが肝要である．本実験では，大きな固体を取り扱わないので，乳棒を強く押しつけて試料を破砕する必要はない．水やエタノールを用いた湿式混合をする場合もあるが，今回は単に空気中での混合を行う，乾式粉砕法を用いる．

固相反応法は先端の蛍光体の合成法としても一般的であり，本実験でもこの方法を用いて蛍光体の合成を行う．固相反応法を使ってセラミックス試料を合成する際に注意しなければならないことが何点かあるが，最も大切なことは，出発原料になるべく粒径のそろった材料を用い，また，それらを十分に均質になるまで混合することである．それは，機械的特性（ガラスなど），電気的特性（半導体など）に大きな影響を与える．

図2　乾式粉砕法

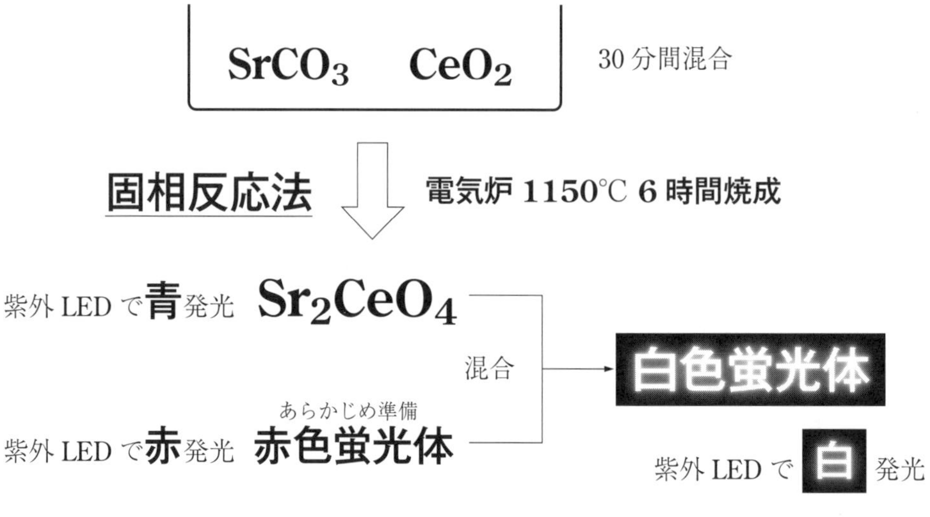

$SrCO_3$　CeO_2　30分間混合

固相反応法　**電気炉 1150℃ 6時間焼成**

紫外LEDで**青**発光　Sr_2CeO_4

混合 → **白色蛍光体**

あらかじめ準備

紫外LEDで**赤**発光　**赤色蛍光体**

紫外LEDで **白** 発光

図3　白色蛍光体の合成プロセス

2.3　蛍光体

蛍光体は光のエネルギーを吸収し，発光する物質の総称である．ある特定の波長の光を吸収して，より長い波長の光を放出する性質を有する．本実験で取り扱う白色 LED や蛍光灯，プラズマディスプレイ，夜光塗料などの他，生体内に入れることで生命現象を可視化するバイオイメージングにも用いられている．また，ノーベル賞を受賞した緑色蛍光タンパク質も蛍光体のひとつであり，青色の光を吸収して緑色に発光する．

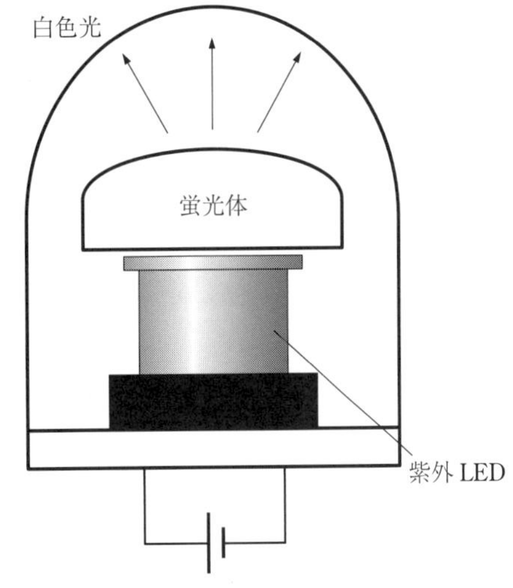

図 4　蛍光体を使用した白色 LED

本実験では白色発光ダイオードを取り扱う．白色 LED の発光方式には 2 つの方式がある．その 1 つが蛍光体方式であり，紫外 LED を使用して，その光を合成する蛍光体へと照射することで，波長変更により白色光を得る．ここでは，青に発色する蛍光体を合成して白色 LED の製作を目指す．「Sr_2CeO_4」は，1998 年に発表された無機蛍光体（Earl Danielson *et al., Science*, 279 (1998)）であり，今回は固相反応法により実際に合成を行う．

3　実験

3.1　試薬

炭酸ストロンチウム（$SrCO_3$）：1 mmol，酸化セリウム（CeO_2）：0.5 mmol

【原子量】

ストロンチウム（Sr）：87.6，セリウム（Ce）：140，炭素（C）：12.0，酸素（O）：16.0

反応を考える

$$\square SrCO_3 + \square CeO_2 \rightarrow \square Sr_2CeO_4 + \square\square$$

◎実際に実験で使用する試薬量を分子量から計算せよ．

3.2 実験器具

(1) 乳鉢・乳棒

固体を粉砕，粉末を混合する際に用いる．混合の際は，乳鉢に張り付いた試料を落としながら混合する．本実験では，人工的なセラミックスであるアルミナ（Al_2O_3）で作られたアルミナ乳鉢を使う．一般的なアルミナ乳鉢は不透明な白色をしている．

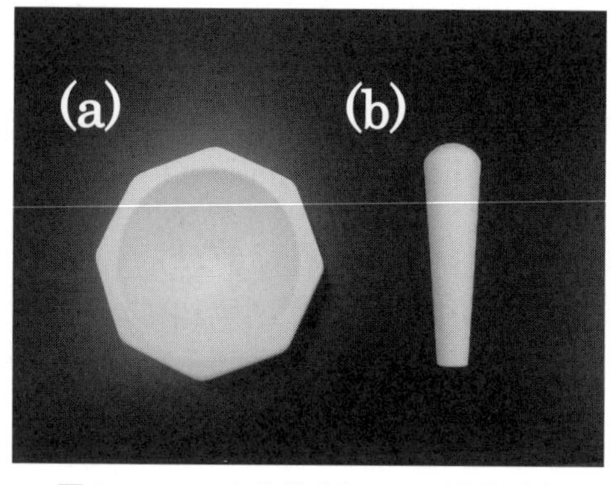

図5 アルミナ乳鉢（a）および乳棒（b）

(2) アルミナボート

試料を乗せて高温で焼成する際に用いる．同じアルミナボートでもアルミナの純度により最高使用可能温度が異なるので注意する．それぞれ番号が振ってあるので確認する．

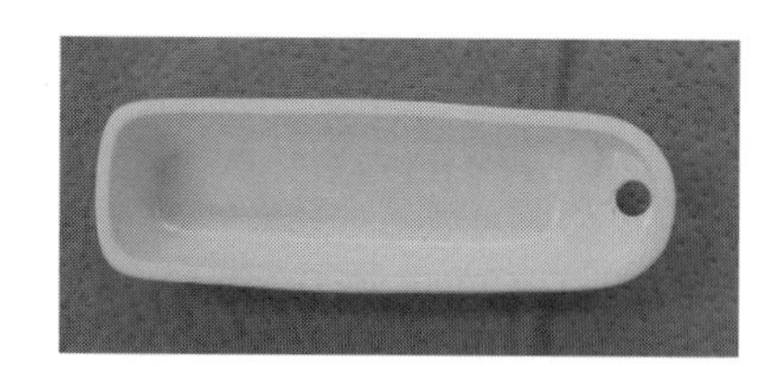

図6 アルミナボート

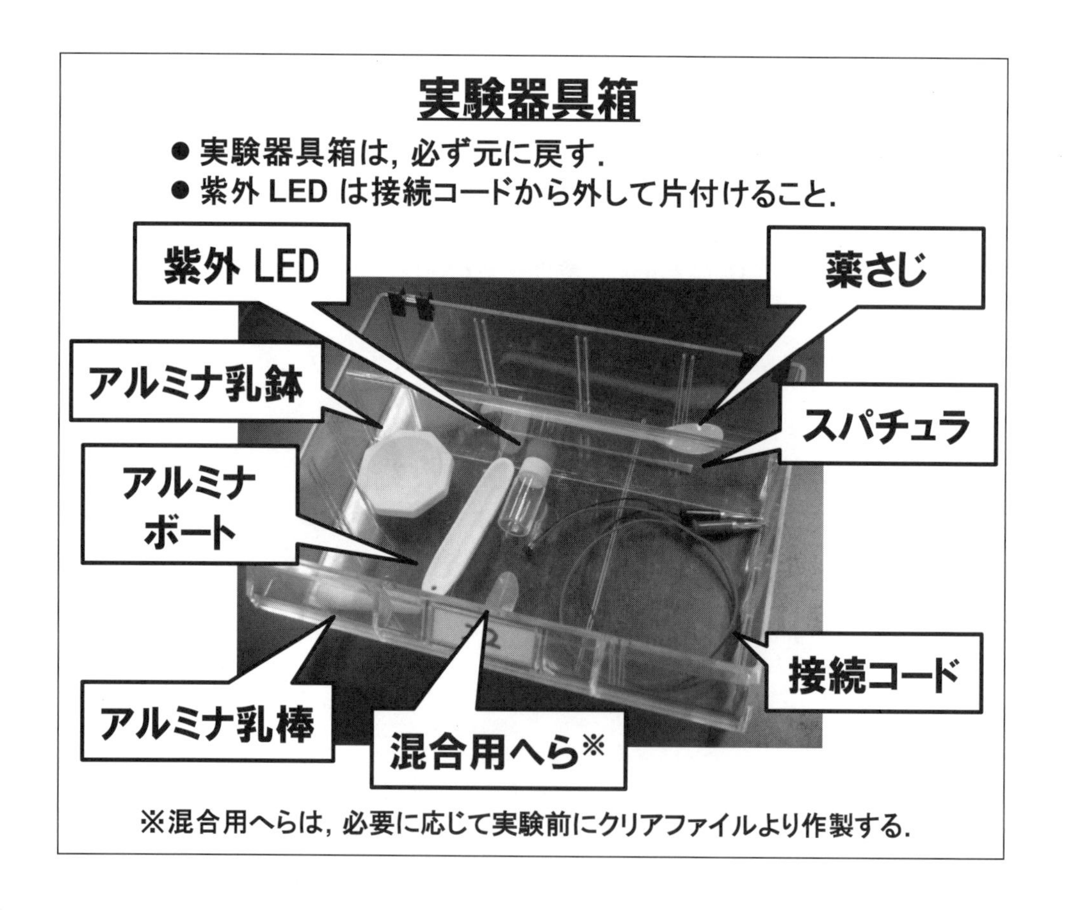

3.3 実験手順

(1) 試料の秤量

1. 乳鉢および乳棒を洗浄する．試料を取り扱うへらを作製する．
2. 電子天秤の電源を入れる（ON/OFF の確認，POWER ボタン）．
3. 表示が 0.0000 g になっていない場合は →0/T← を押して 0.0000 g にする．
4. 薬包紙を折って，電子天秤に乗せる．
5. 薬包紙を乗せたまま風袋消去し，表示を再度ゼロにする．

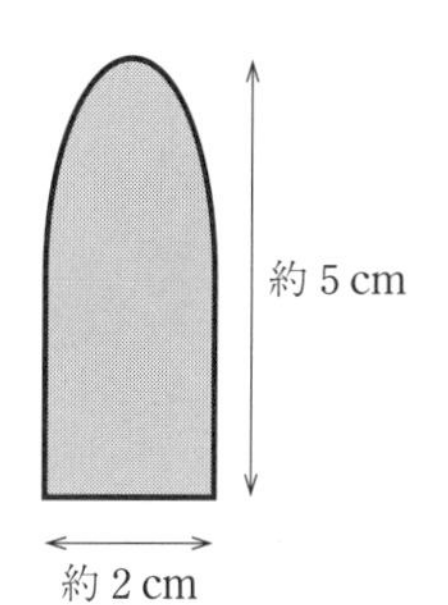

図 7 混合用へらのイメージ

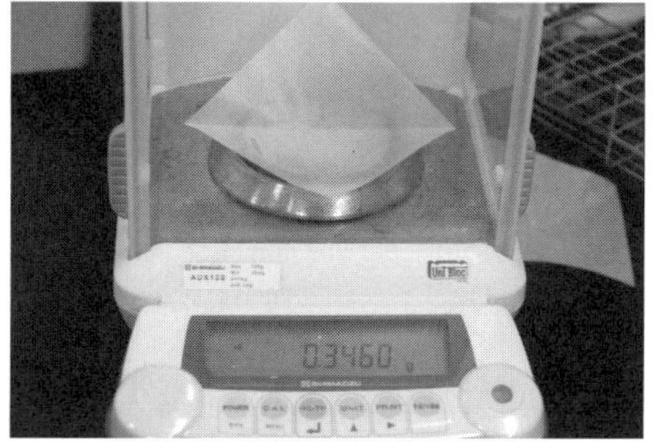

図 8 薬包紙の質量を量る

> ※注意※
> 測定した実験データは実験ノートから削除しない．たとえば異常な値があって，再測定を行う場合でも，その値は実験ノートに残しておく．

6. 試料を少しずつ薬包紙に乗せ，計算により得られた質量の試薬を量り取り，リザルトシートに値を記録する．

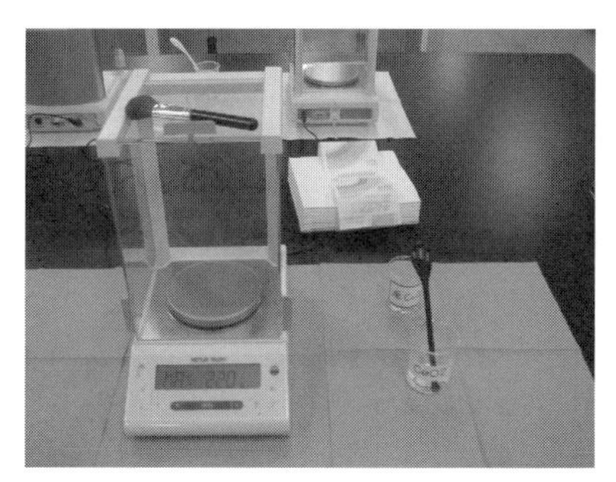

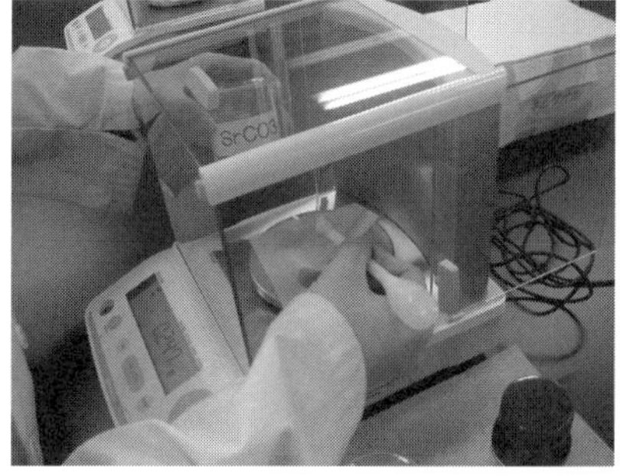

図 9 試薬を量り取る

(2) 試料の混合

1. 量り取った試料を乳鉢に移す．

図 10 試料を乳鉢に移す

2. 乳棒で約 30 分間混合する．この際，自作したへらで壁面に付いている試料を落とし，全体が混ざるようにする．

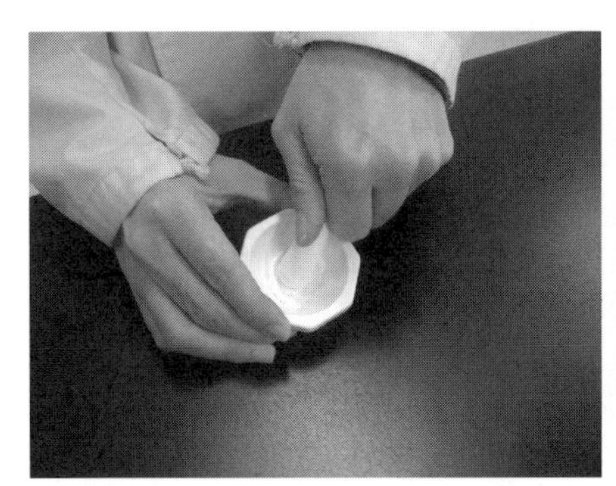
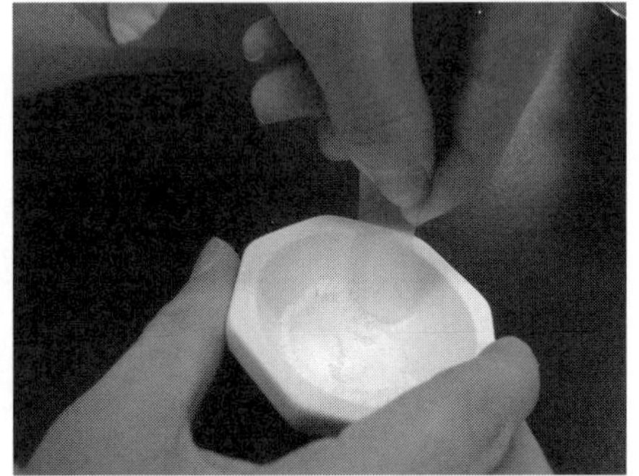

図 11 試料の混合

※注意※

ここで混合が不十分だと，均一な試料ができず，発光が弱くなってしまう．

(3) 試料の焼成

1. 空のアルミナボートの質量を量る.
2. 混合した試料を薬包紙に移してからアルミナボートへ移す.

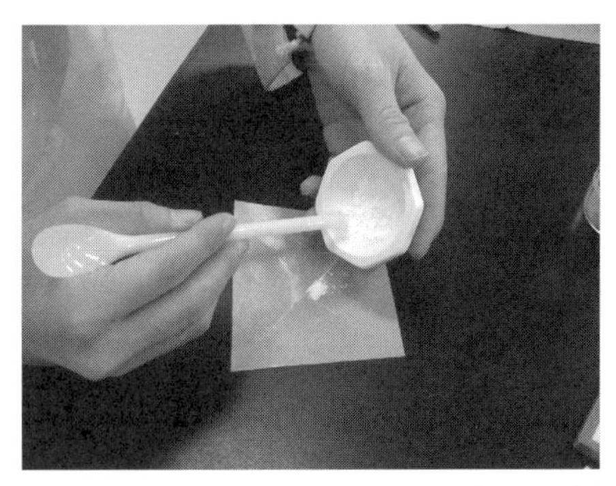

図 12　試料焼成の準備

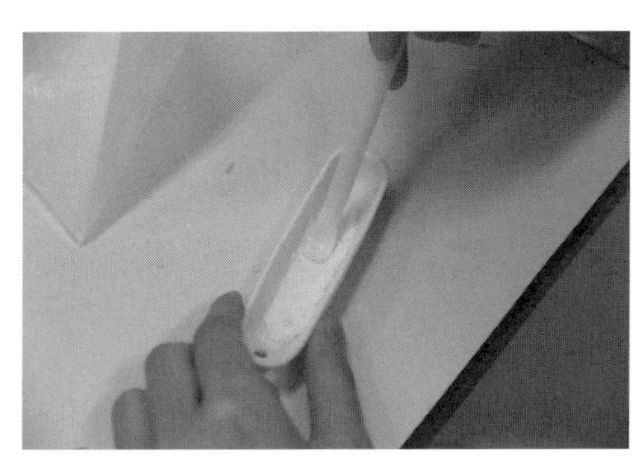

図 13　試料を均一にする

3. 試料が均一になるように広げる.
4. アルミナボートと試料の合計質量を量る.
5. 紫外 LED 光を照射し色合いを確認する.
6. 電気炉を用いて 1150 °C で 6 時間焼成する.

※注意※

紫外線は目に有害であるため，紫外 LED を使用する際には必ず保護眼鏡を着用する.

実験ノート　（実験メモとして自由に使ってください）

基礎化学実験 2　リザルトシート　課題 3A

実験日：　　　年　　　月　　　日（　　曜日）

　　　年　　　組　　　番（混合クラス　　組）

実験者氏名：

基礎化学実験 2／D307	
月　　　日	サイン

1. 計算値と量り取り量に違いがありましたか？

	$SrCO_3$（式量＝　　　　）	CeO_2（式量＝　　　　）
計算値	g	g
量り取り量	g	g
計量した物質量	mmol	mmol

2. 試料を乳鉢で混ぜる前と後ではどう変化したか？

3. アルミナボートと試料の合計質量

測定すべき質量	質量［g］
A：混合前の試料のみの合計質量	
B：アルミナボートの質量	
C：試料が入っているアルミナボートの質量	
D：アルミナボート内に入っている試料の質量	
(A−D) の質量差	

4. 試料を乳鉢で混ぜる前と後での重量変化は？

5. 混合した粉末に紫外線を当てたときの観察

課題 3B　蛍光灯と LED の発光機構

1　はじめに

最近の自動車には，LED が多く使われている．また，電灯や電飾用の LED ライトの価格も安くなり，一般的に購入できるようになり，さまざまな種類のものが販売されている．LED の照明の特徴として小型で明るく寿命が長いこと，消費電力量が小さい（電球の約 1/10，蛍光灯の約 1/2）ことが挙げられる．ここでは，前回焼成したシアン（水）色蛍光体を用いて紫外 LED での発光を確認するとともに，白色蛍光体を調製する．白色 LED の製作を通して，LED の発光機構を学ぶ．

1.1　白熱電球の構造と発光機構

白熱電球は，フィラメント，ガラス球，口金で構成されている．ガラス球の中は，真空のものと不活性ガスを封入したものがある．一般的にはアルゴンガスが封入されているが，クリプトンを封入したクリプトン球もある．白熱電球の発光機構は，フィラメントに電流を流すことで電気抵抗によりフィラメントの温度が上昇して白熱化による発光である．ほとんどのエネルギーが熱となり，発光効率は悪い．発光はすべての可視光を含み白色光となる．

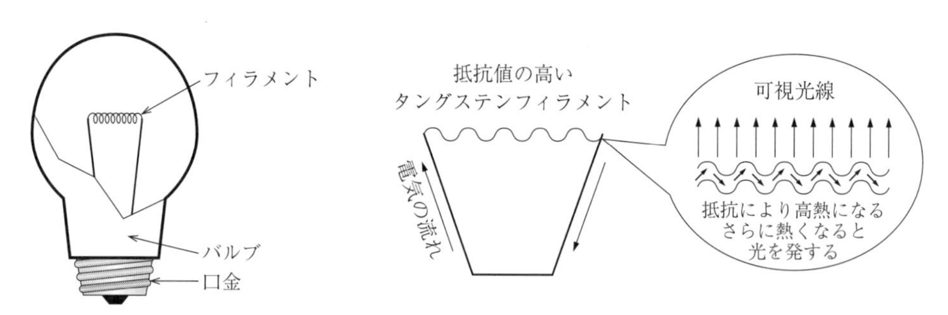

図 1　電球の構造と発光原理

1.2　蛍光灯の発光機構

蛍光灯は発光物質が付着しているガラス管とコイル状のフィラメントに電子放出物質が付着した 2 つの電極で構成される．ガラス管の中には微量の混合希ガス（水銀 + アルゴンガス）が含まれており，真空に近い状態である．蛍光灯は放電を発光機構とした照明である．ガラス管の中に高電圧がかかることで電極間を電子が移動する．電子は，ガラス管内に浮遊している水銀原子と衝突して紫外線を放出する．発生した紫外線はガラス管内に付着した数種類の蛍光物質にあたり白色光を生じる．

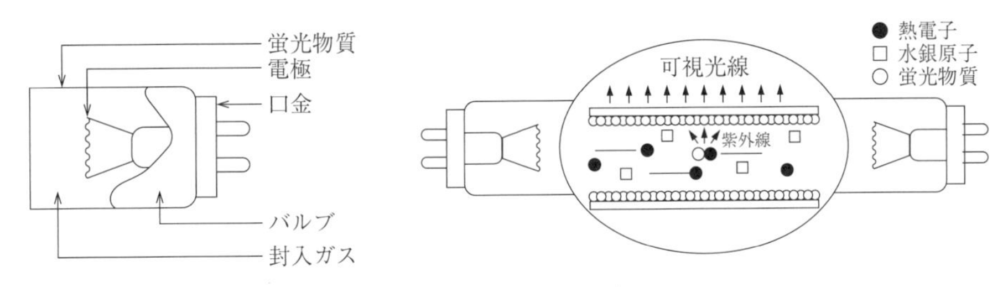

図2　蛍光灯の構造と発光原理

1.3　LEDの発光機構

LED（Light Emitting Diode：発光ダイオード）は，決まった方向に電圧を加えたときに発光する半導体素子である．LEDの発光機構は，エレクトロルミネッセンス（電子による発光現象）効果を利用している．価電の衝突による発光であるために，エネルギーロスが少なく使用する電力も少ないので省エネにつながる．

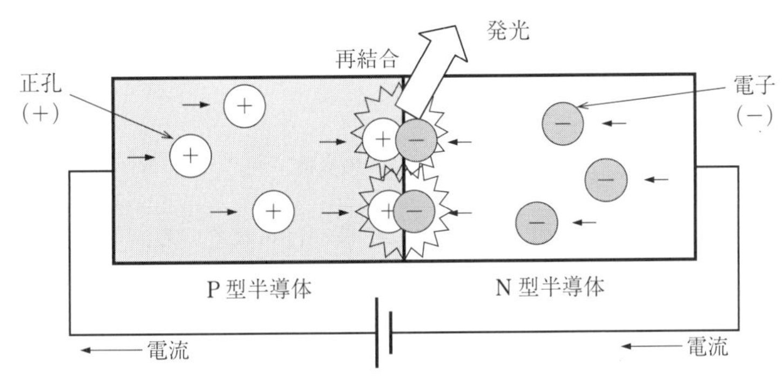

図3　LEDの発光機構のイメージ図

LEDで白色発光を得る方法としては，赤と緑と青の3色のLEDの光を混合する方法，青色の光を黄色に変える蛍光体で青と黄色（赤と緑の光を合わせると黄）を合わせる方法と紫外LEDにより可視光を生じる蛍光体を混合する3つの方法がある．光の三原色の赤，緑，青の光を混合すると白色光が得られる．

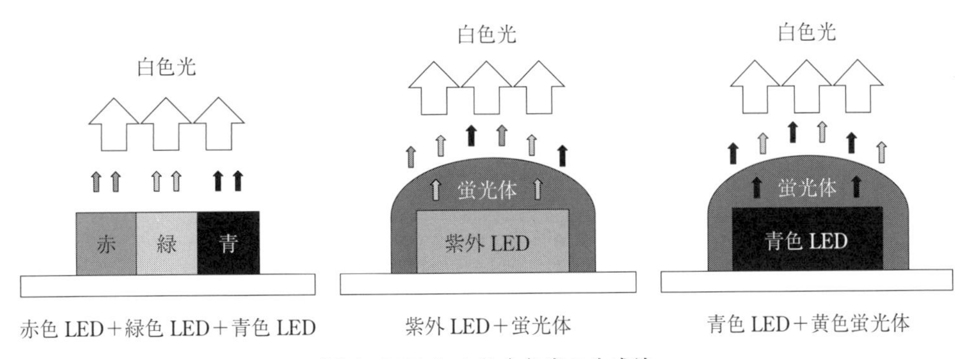

図4　LEDによる白色光の生成法

1.4　照明としての光

化学や電気などのエネルギーを光エネルギーに変換して光を発生させる装置を光源とよぶ．照明は，光源を利用して目的をもって特定の場所を明るくする行為や機能を示す．一般的には白熱電球，蛍光灯，ランプ，LED など，多種多様な照明器具が発する光（人工光）を照明として利用する．現在，照明に用いられる光源の多くが電気エネルギーによって光を作っている．エジソンが 1879 年白熱電球を発明して以来，光源の効率および寿命を向上させるために数多くの発明や改良が行われてきた．

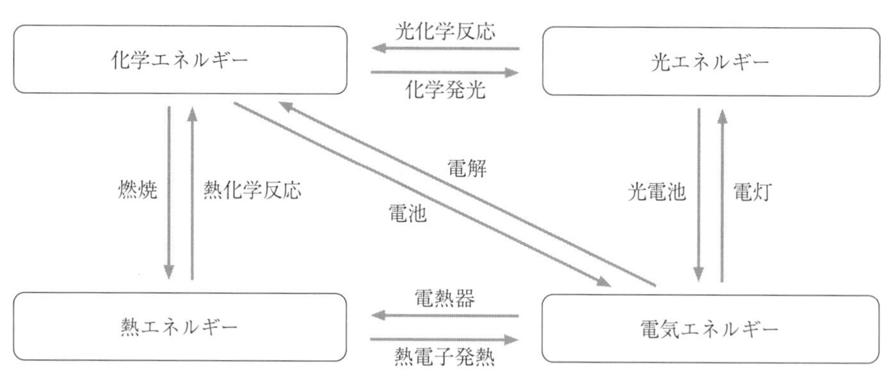

図 5　エネルギーの変換一例

電気エネルギーから光を得る光源は以下のように位置づけられている．

第 1 の光源：白熱電球

第 2 の光源：蛍光ランプ

第 3 の光源：HID（High Intensity Discharge：高輝度放電）ランプ

第 4 の光源：LED（Light Emitting Diode：発光ダイオード）ランプ

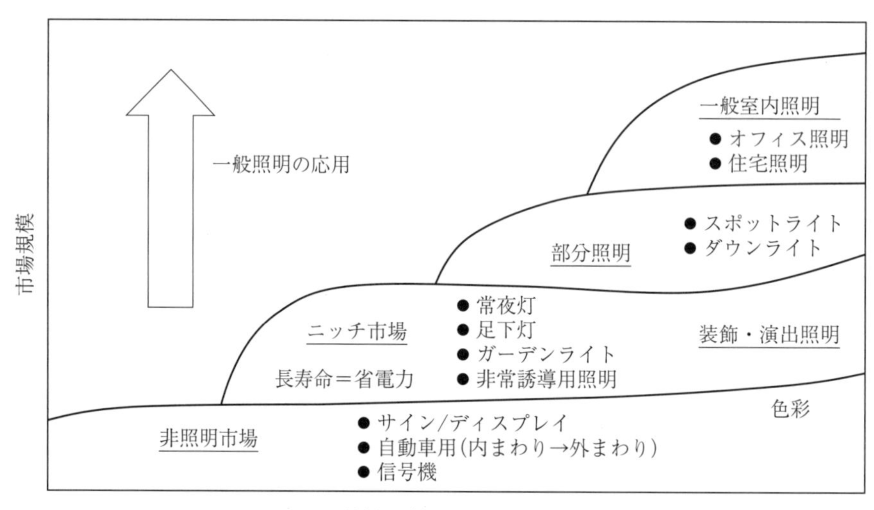

図 6　LED の応用分野

LEDには，長寿命，小形・軽量であり，多様な光色が得られることから，1997年の青色LEDの商品化以来，照明用の光源として注目され応用の範囲が広がっている．

2 実験

2.1 白色蛍光体の調製

(1) 合成蛍光体の確認

1. 反応式から固相合成した試料の重量を予想する．

【使用した試薬】

炭酸ストロンチウム：1 mmol，酸化セリウム：0.5 mmol

【原子量】

ストロンチウム：87.6，セリウム：140，炭素：12.0，酸素：16.0

2. 試料を取り扱うへらを作製する．
3. 前回作製し焼成した試料の入ったアルミナボートを受け取り，紫外LEDを照射し，蛍光の有無を確認する．

※アルミナボートが自分の番号と一致していることを確認する．

> **※注意※**
> 紫外LEDを使用する際には必ず保護眼鏡を着用する．

4. 焼成後のアルミナボートと試料の合計質量を測定する．
5. 前回のアルミナボートと試料の合計質量との差を計算値と比較する．もし異なった場合は，原因を検討する．
6. 蛍光体試料をアルミナ乳鉢に移し，3分間程度粉砕し，塊をなくす．
7. 蛍光体試料を薬包紙に移す．

(2) 白色蛍光体の調製

1. 空のアルミナ乳鉢に市販の赤色蛍光体を小薬さじ半分程度入れる．
2. 赤色蛍光体を入れたアルミナ乳鉢に，合成した青白色蛍光体を同量（あるいは2倍量）加え，乳棒を用いて十分に混合する．青白色蛍光体の量については，教員の指示に従う．
3. 乳鉢内の試料に紫外LEDを照射して色合いを確認する．
4. 色見本である標準サンプルの白色程度になるまで，合成した青色蛍光体を少しずつ加え，同じ操作を繰り返す．

(3) 白色LEDの製作

1. 透明なキャップを長さの1/2程度にカットする．
2. 調製した白色蛍光体を下から2 mmほどの厚みになるように加える．
3. このキャップを紫外LEDの先端に装着する．

4. 紫外線を照射し，白色光が出ていることを確認する．

2.2 紫外LEDの電圧電流特性

紫外線LEDは半導体であるため，特殊な電圧電流曲線を描く．直流電源を用いて電圧を変化させ，その時の電流値をグラフ用紙にプロットし，電圧電流曲線を作成する．

(1) 実験機器

○紫外発光ダイオード

数年前に青色発光ダイオードが市場に出始め，大きな話題になったのは記憶に新しい．赤，オレンジ，黄色，緑などの発光ダイオードは古くから製造されていたが，長い間青色のものだけ製品化できなかった．その製品化に伴い，手始めに信号機などが従来の白熱電球と取って代わった．近年では発光波長の短波長化がさらに進み，まだ一般的とはいえないが近紫外発光のLEDも入手できるようになった．本課題ではこの最先端デバイスである，紫外発光LEDを用いた実験を行う．

○紫外LEDの特性

(1) 絶対最大定格

項　目	記　号	最大定格	単位
順電流	I_F	25	mA
パルス順電流	I_{FP}	80	mA
逆方向許容電流	I_R	85	mA
許容損失	P_D	100	mW
動作温度	T_{opr}	−30 〜 +85	°C
保存温度	T_{stg}	−40 〜 +100	°C
半田付け温度	T_{sld}	265 °C　10 sec 以内	

I_{FP} 条件：パルス幅 ≦ 10 ms，デューティー比 ≦ 1/10

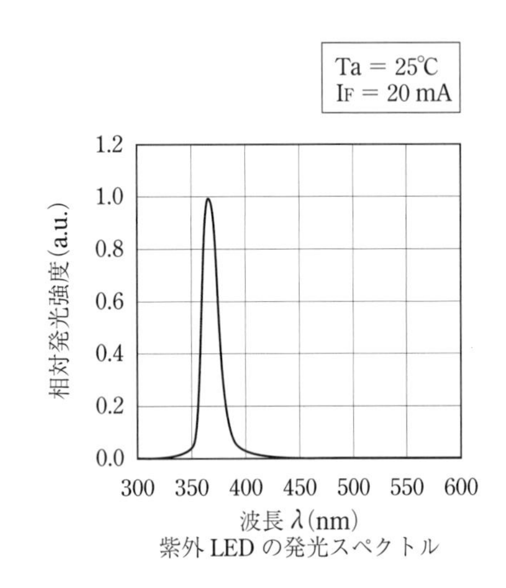

紫外LEDの発光スペクトル

(2) 絶対最大定格　(Ta = 25 °C)

項　目		記　号	条　件	最小	標準	最大	単位
順電圧		V_F	$I_F = 20$ [mA]	—	(3.6)	4.0	V
ピーク波長	ランク Ua	λ_p	$I_F = 20$ [mA]	360	365	370	nm
スペクトル半値幅		Δ_λ	$I_F = 20$ [mA]	—	(15)	—	nm
放射束※	ランク 4	ϕ_e	$I_F = 20$ [mA]	1700	—	2400	μW
	ランク 5	ϕ_e	$I_F = 20$ [mA]	2400	—	3400	μW
	ランク 6	ϕ_e	$I_F = 20$ [mA]	3400	—	4800	μW

○直流電源

一般的な家庭用電源（コンセント）は交流 100 V である．また，この電源は大電力の電気製品も使用できるように，内部抵抗は非常に低くなっており，低抵抗の負荷を接続すると大電流が流れ危険である．一方，今回使用するような LED は一般的に直流電圧を必要とし，必要電圧も数ボルト程度である．しかし，半導体デバイスは電圧に対して電流の変化がオームの法則に従わず，わずかな電圧変化により急激な電流の変化を引き起こすため，単なる電圧源を直接発光ダイオードに接続するのは非常に危険である．

そこで，本実験では直流電圧および電流の上限を任意に設定できる，定電圧定電流電源装置を用いて発光ダイオードを点灯させる．

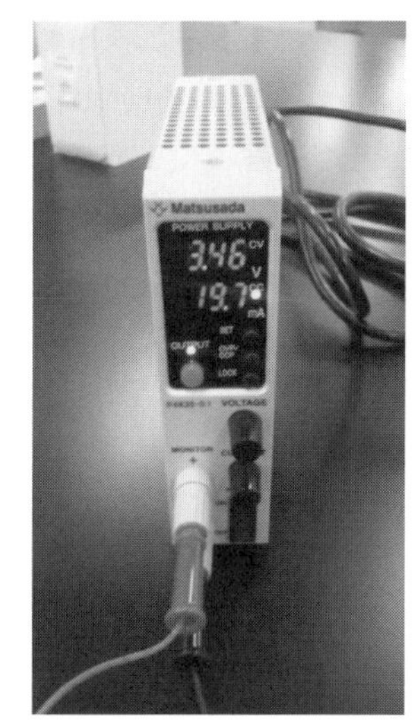

図 7　直流電源装置

（2）　実験操作

> ※注意※
> この実験では，紫外 LED が発光するため，必ず紫外線用保護眼鏡を着用してから実験を行う．実験終了まで外してはならない．

1.　電源をつなぎ，電源スイッチを ON にする．
2.　電流表示，電圧表示を 0 にする．
3.　電流表示を 20.0 mA とする（表示が“A”と“mA”の機種がある）．
4.　装置を組み立てる．紫外 LED を接続コードにつなぐ．ソケットの差し込み方に注意する．
   ✓　順電流が 25 mA を超えると LED が壊れるため，絶対に 25 mA 以上にしない．
   ✓　肉眼で紫外光を見ない（保護メガネ着用），紫外光を体にあてない．
   ✓　脚が短い方がカソード（陰極）
   ✓　脚が長い方がアノード（陽極）

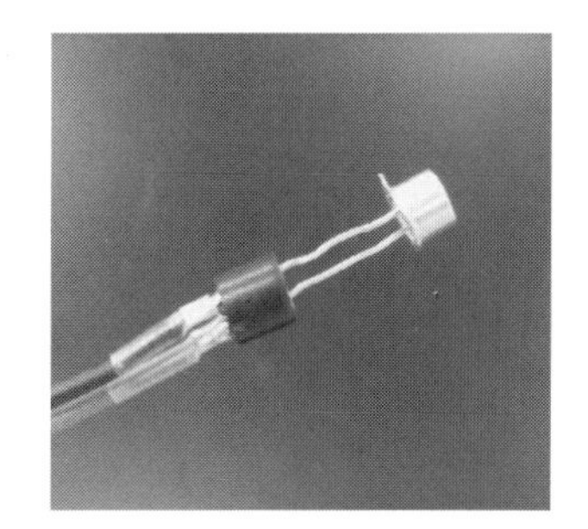

図 8　紫外 LED

5.　白色蛍光体を詰めたキャップを紫外線 LED の先に接続する．

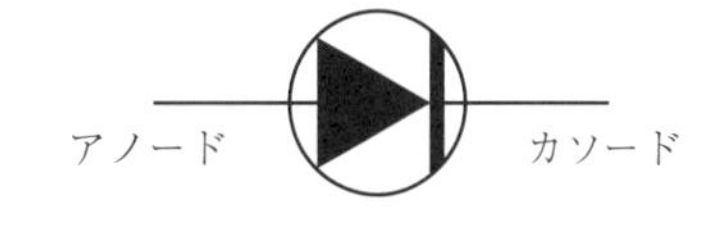

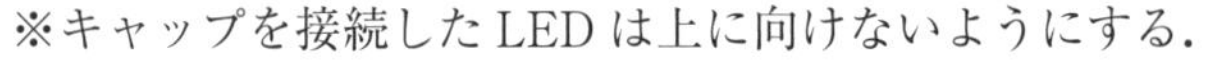
※キャップを接続した LED は上に向けないようにする．

6.　OUT PUT のスイッチ（赤）を押し，電圧ダイヤルを 0.1 V ずつ変化させる．このとき，あらかじめ電流値の上限を設定しているが，電流は 20 mA を絶対に超えないようにする．
7.　紫外線 LED に接続したキャップに詰めた白色蛍光体が電圧電流曲線のどの位置で点灯した

か確認する.

8. すべての実験が終了したら，使用した器具を片付ける．試料回収容器に試料を移した後，アルミナボート，乳鉢，乳棒を湿らせたキムワイプで拭いて器具箱に片付ける.

【電圧電流曲線作成用ワークシート　その1】

電圧/V	電流/mA	電圧/V	電流/mA	電圧/V	電流/mA	電圧/V	電流/mA

紫外 LED の電圧電流曲線

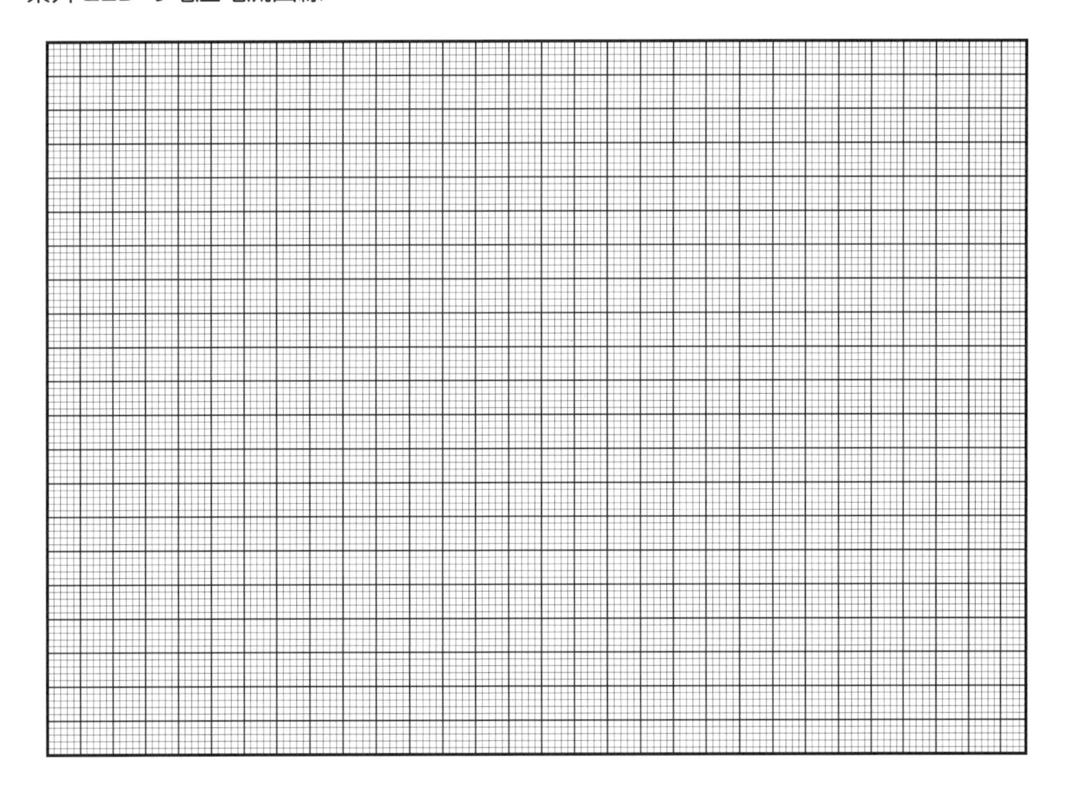

【電圧電流曲線作成用ワークシート　その 2】

実験ノート　（実験メモとして自由に使ってください）

基礎化学実験 2　リザルトシート　課題 3B

実験日：　　　年　　　月　　　日（　　曜日）

　　年　　　組　　　番（混合クラス　　組）

実験者氏名：

基礎化学実験 2／D307	
月　　日	サイン

1．課題 3A で合成した蛍光体の合成プロセスを化学反応式で書け．

2．上記化学反応式をもとに，焼成前と焼成後では粉末の質量はどのように変化すると考えられるか，計算せよ．

3．焼成後のアルミナボートと試料の合計質量と前回リザルトシートに記録したアルミナボートと粉末の合計質量を比較し，上記の計算結果と比較検討せよ．合計質量が異なる場合，どんな理由が考えられるか．

測定すべき質量	質量［g］
E：前回のアルミナボートと試料の質量（C と同じ）	
F：焼成後のアルミナボートと試料の質量	
（E－F）：焼成前と焼成後の差	

4．最初に量り取った試薬の総量と，最終的に得られた蛍光体粉末の質量を比較せよ．

5．電気炉から出した反応後のボート内の蛍光体は，UV-LED を照射したときにどのように見えたか．

6．電圧電流曲線から得られた使用電圧を示し，制作した白色 LED の発色について観察せよ．

使用電圧：

観察：

『化学製品最前線』

―クリスタルガラス―

ワイングラスによく用いられる一般的なクリスタルガラスは，二酸化ケイ素 SiO_2，酸化カリウム K_2O，酸化ナトリウム Na_2O に酸化鉛 PbO を添加した鉛ガラスの一種である．鉛ガラスは，屈折率が高く，クリスタルのような輝きをもつためクリスタルガラスとよばれている．ここでのクリスタルは，結晶（クリスタル）ではない．ガラスや陶磁器など，非金属の無機物を高温で焼き固めた「固体材料」をセラミックスとよぶ．

『化学の基礎』

「蛍光体とは？」

発光イオンとその母体となる結晶（母結晶）とで構成され，一般的に「母結晶：発光イオン」の形で表記され，コロン（：）は母結晶に発光イオンを少量添加（ドープ）したことを示す．発光イオンには，ユーロピウムやセリウムなどの希土類元素が用いられ，母結晶には酸化物や硫化物，最近では（酸）窒化物も用いられている．吸収，発光する光の波長や発光持続時間は母結晶や発光イオンによってさまざまで，用途によって数多くの蛍光体が開発されている．

蛍光灯に使われている蛍光体は，水銀に電子がぶつかって発する紫外線の波長 254 nm のエネルギーを吸収して蛍光を発する化合物である．今回の白色 LED に使われる紫外 LED は 365 nm の紫外線を発するので，蛍光灯に使われる蛍光体と異なるものである．

基礎化学実験
巻末資料

電圧計の仕組み

（磁力厳禁．重力の影響で縦横置き方注意）
※テスト棒との接触抵抗のため，真の値より小さく表示される懸念がある．

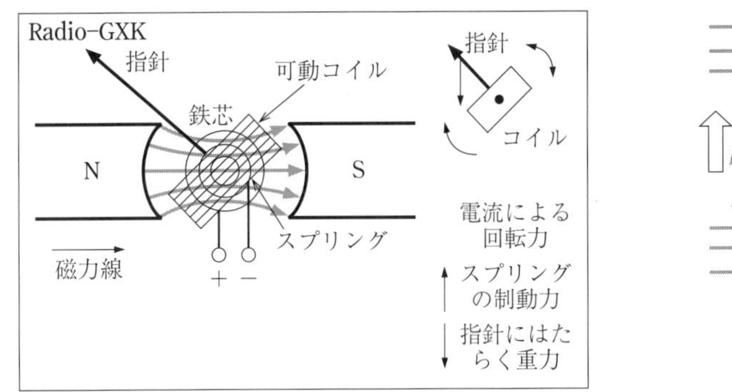

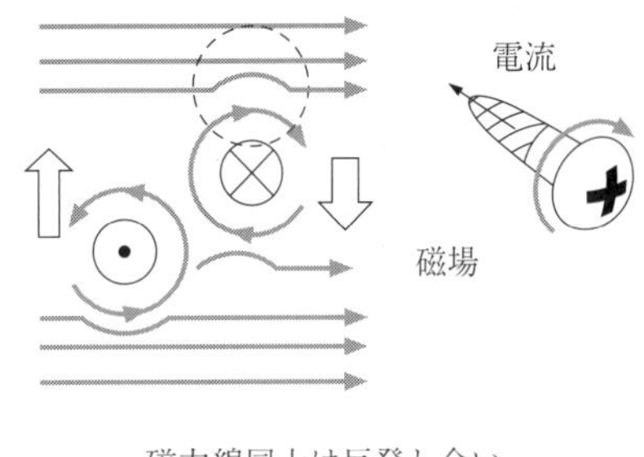

磁力線同士は反発し合い，
逆向きは引き合う

電子天秤の仕組み

電磁石の力で重さを一定位置に支える．
このときの電磁石の電流値を表示する．
注意：磁力厳禁，水平設置，地球の緯度補正，プラスチック静電クーロン力

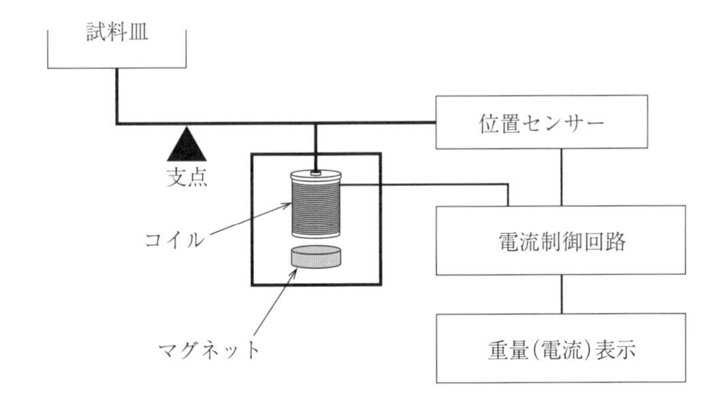

直流スイッチング電源の使用法

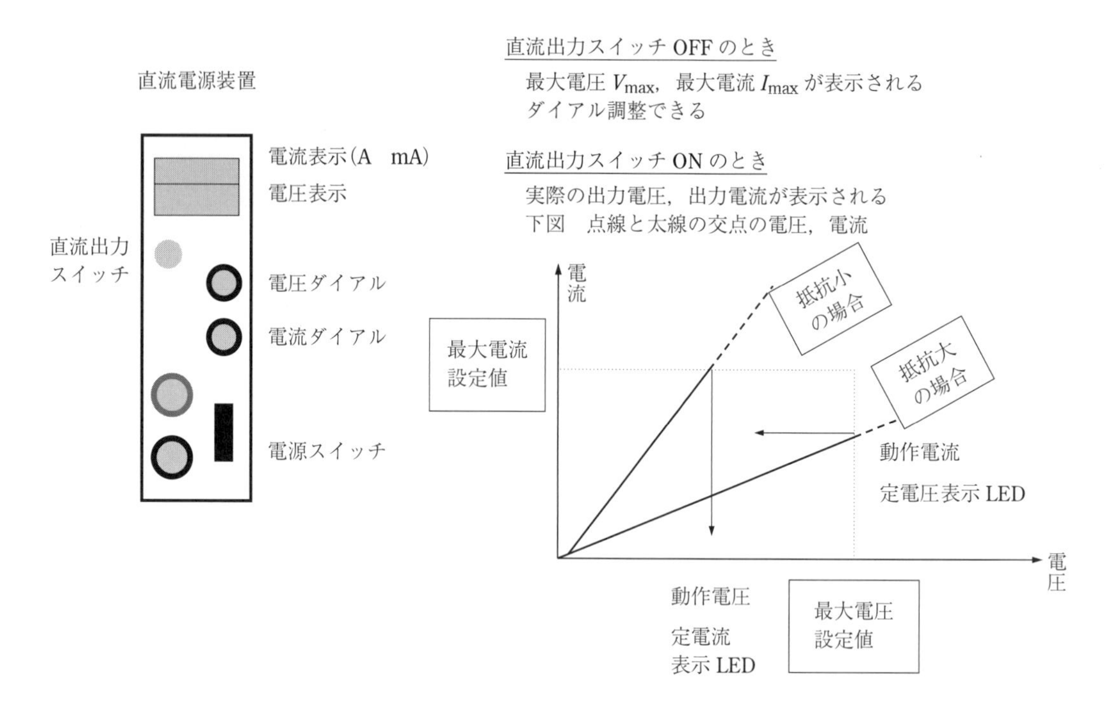

直流スイッチング電源の仕組み

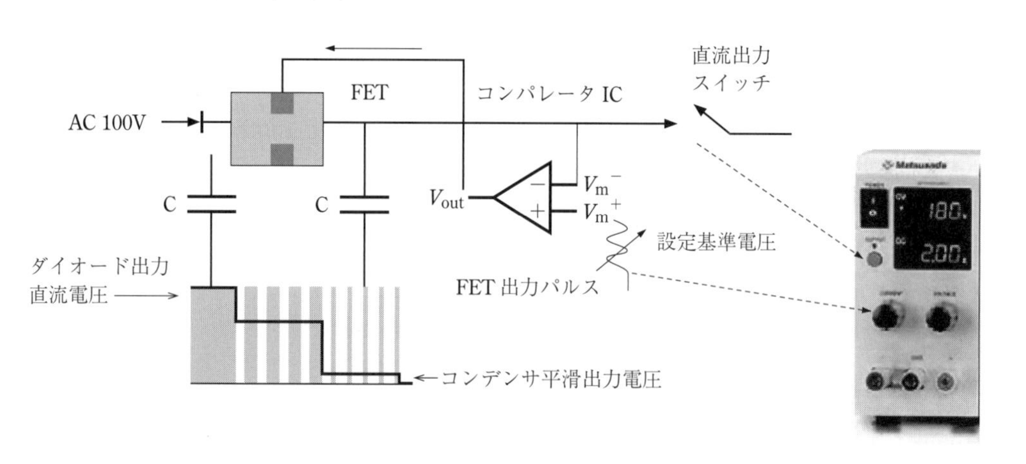

黒マイナス端子は
青フレーム端子と
接続しておくこと．

動作の仕組み（多くの AC アダプタ，充電器など）

コンパレータ IC ＝ 比較器：コンデンサ平滑出力電圧が基準電圧より低いときだけマイナス電圧を FET にフィードバックする．

FET ＝ 電界効果トランジスタ：ゲート関門端子がマイナスになったときだけ一気に電気が流れる．

→ FET から時間的にチョップ切断されたパルスとして出力される．パルスをコンデンサで平滑することで低い直流電圧が得られる．

コンパレータ IC をコントロールすることで，定電流電源，定電圧電源とできる．

誤差とは何か？　標準偏差 σ とは

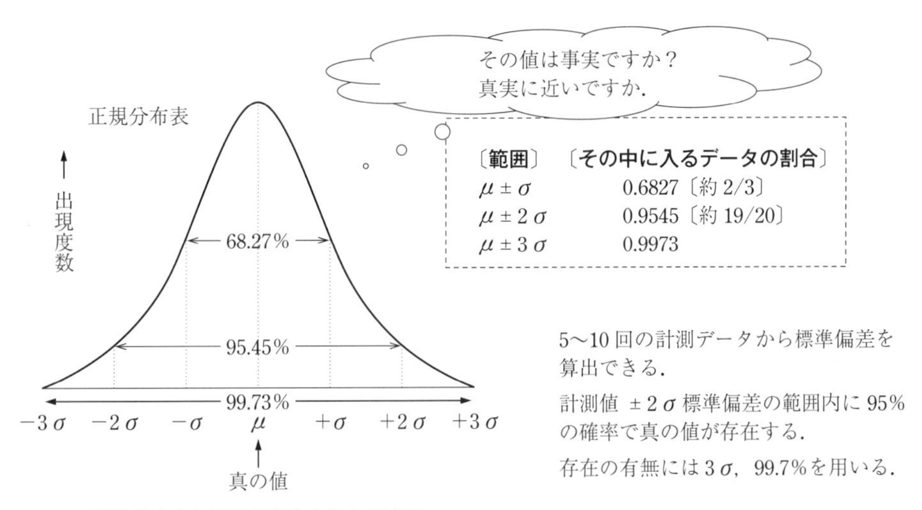

平均値（μ）と標準偏差（σ）および度数

5〜10 回の計測データから標準偏差を算出できる．

計測値 $\pm 2\sigma$ 標準偏差の範囲内に 95% の確率で真の値が存在する．

存在の有無には 3σ，99.7% を用いる．

グラフ，図の記述の仕方

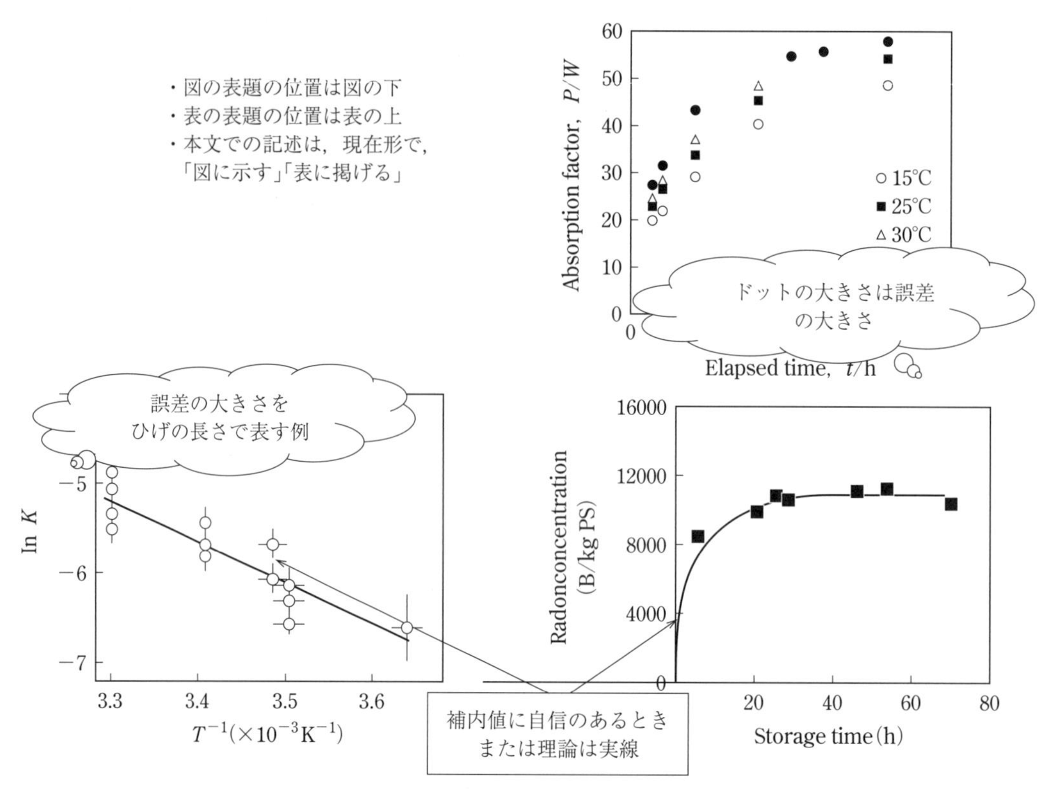

Fig. 5　Arrhenius plots of K.

共有化できる論文の条件：

・国内の公共図書館に印刷物が永久保管されている

・タイトル　概要　図表　引用文献が英文で適切に記述され，誰でも読むことができる

科学の共有を阻害するもの

・剽窃（ひょうせつ）＝ 盗用

・ねつ造，虚偽 ＝ デタラメ嘘

論理的な文章の記述

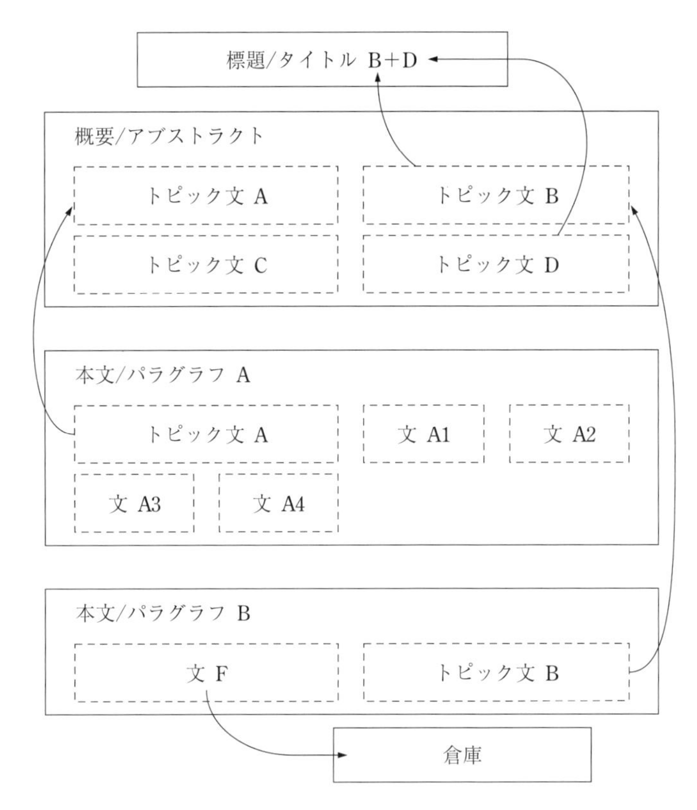

・パラグラフとは

携帯メールの一画面分，メール表題がトピック（省かないこと）

パワーポイントの1スライド分

・単文　主語述語構成のこと．接続詞，関係代名詞，代名詞は禁止．

・省いて意味が変わらない文字は1文字でも削除．文も同様．

→　美白効果

・トピックにつながらない文はパラグラフから外す．→倉庫へ

必読　　　講談社文庫

木下是雄：理系の作文技術

主な定数表

アボガドロ数　　$6.0\times10^{23}\ \mathrm{mol^{-1}}$

気体定数　　$8.3\ \mathrm{J\ K^{-1}\ mol^{-1}}$

理想気体の標準モル体積　$2.24\times10^{-2}\ \mathrm{m^3\ mol^{-1}}$

電流と物質量の関係（アボガドロ数分の電子の数量）

ファラデー定数　　$96500\ \mathrm{C\ mol^{-1}}$

1 A（アンペア）×1 s（秒）＝1 C（クーロン）

元素の周期表

（凡例）原子番号 元素記号 / 元素名 / 原子量

族 / 周期	1	2	3	4	5	6	7	8	9	10	11	12	13	14	15	16	17	18
1	1 H 水素 1.008																	2 He ヘリウム 4.003
2	3 Li リチウム 6.941	4 Be ベリリウム 9.012											5 B ホウ素 10.81	6 C 炭素 12.01	7 N 窒素 14.01	8 O 酸素 16.00	9 F フッ素 19.00	10 Ne ネオン 20.18
3	11 Na ナトリウム 22.99	12 Mg マグネシウム 24.31											13 Al アルミニウム 26.98	14 Si ケイ素 28.09	15 P リン 30.97	16 S 硫黄 32.07	17 Cl 塩素 35.45	18 Ar アルゴン 39.95
4	19 K カリウム 39.10	20 Ca カルシウム 40.08	21 Sc スカンジウム 44.96	22 Ti チタン 47.87	23 V バナジウム 50.94	24 Cr クロム 52.00	25 Mn マンガン 54.94	26 Fe 鉄 55.85	27 Co コバルト 58.93	28 Ni ニッケル 58.69	29 Cu 銅 63.55	30 Zn 亜鉛 65.38	31 Ga ガリウム 69.72	32 Ge ゲルマニウム 72.63	33 As ヒ素 74.92	34 Se セレン 78.96	35 Br 臭素 79.90	36 Kr クリプトン 83.80
5	37 Rb ルビジウム 85.47	38 Sr ストロンチウム 87.62	39 Y イットリウム 88.91	40 Zr ジルコニウム 91.22	41 Nb ニオブ 92.91	42 Mo モリブデン 95.96	43 Tc テクネチウム [99]	44 Ru ルテニウム 101.1	45 Rh ロジウム 102.9	46 Pd パラジウム 106.4	47 Ag 銀 107.9	48 Cd カドミウム 112.4	49 In インジウム 114.8	50 Sn スズ 118.7	51 Sb アンチモン 121.8	52 Te テルル 127.6	53 I ヨウ素 126.9	54 Xe キセノン 131.3
6	55 Cs セシウム 132.9	56 Ba バリウム 137.3	ランタノイド *1	72 Hf ハフニウム 178.5	73 Ta タンタル 180.9	74 W タングステン 183.8	75 Re レニウム 186.2	76 Os オスミウム 190.2	77 Ir イリジウム 192.2	78 Pt 白金 195.1	79 Au 金 197.0	80 Hg 水銀 200.6	81 Tl タリウム 204.4	82 Pb 鉛 207.2	83 Bi ビスマス 209.0	84 Po ポロニウム [210]	85 At アスタチン [210]	86 Rn ラドン [222]
7	87 Fr フランシウム [223]	88 Ra ラジウム [226]	アクチノイド *2	104 Rf ラザホージウム [267]	105 Db ドブニウム [268]	106 Sg シーボーギウム [271]	107 Bh ボーリウム [272]	108 Hs ハッシウム [277]	109 Mt マイトネリウム [276]	110 Ds ダームスタチウム [281]	111 Rg レントゲニウム [280]	112 Cn コペルニシウム [285]	113 Nh ニホニウム [284]	114 Fl フレロビウム [289]	115 Mc モスコビウム [288]	116 Lv リバモリウム [293]	117 Ts テネシン [294]	118 Og オガネソン [294]

*1 ランタノイド	57 La ランタン 138.9	58 Ce セリウム 140.1	59 Pr プラセオジム 140.9	60 Nd ネオジム 144.2	61 Pm プロメチウム [145]	62 Sm サマリウム 150.4	63 Eu ユウロピウム 152.0	64 Gd ガドリニウム 157.3	65 Tb テルビウム 158.9	66 Dy ジスプロシウム 162.5	67 Ho ホルミウム 164.9	68 Er エルビウム 167.3	69 Tm ツリウム 168.9	70 Yb イッテルビウム 173.1	71 Lu ルテチウム 175.0
*2 アクチノイド	89 Ac アクチニウム [227]	90 Th トリウム 232.0	91 Pa プロトアクチニウム 231.0	92 U ウラン 238.0	93 Np ネプツニウム [237]	94 Pu プルトニウム [239]	95 Am アメリシウム [243]	96 Cm キュリウム [247]	97 Bk バークリウム [247]	98 Cf カリホルニウム [252]	99 Es アインスタイニウム [252]	100 Fm フェルミウム [257]	101 Mb メンデレビウム [258]	102 No ノーベリウム [259]	103 Lr ローレンシウム [262]

基礎化学実験 1・2　実験テキスト　2025

2016 年 3 月 20 日　第 1 版　第 1 刷　発行
2017 年 3 月 20 日　第 2 版　第 1 刷　発行
2018 年 3 月 10 日　第 3 版　第 1 刷　発行
2025 年 3 月 20 日　第 3 版　第 8 刷　発行

編　者　明治大学理工学部応用化学教室
発行者　発田和子
発行所　株式会社 学術図書出版社
〒113-0033　東京都文京区本郷 5-4-6
TEL 03-3811-0889　振替 00110-4-28454
印刷　三美印刷（株）

定価は表紙に表示してあります.

Printed in Japan
ISBN978-4-7806-1366-7　C3043